FLUID SENSIBILITY:
EXPERIENCE CENTRIC
PRODUCT DESIGN

工业设计（产品设计）专业热点探索系列教材

流动的感受

以体验为中心的产品设计

张 莹 王逸钢 编著

中国建筑工业出版社

图书在版编目（CIP）数据

流动的感受：以体验为中心的产品设计 = FLUID SENSIBILITY：EXPERIENCE CENTRIC PRODUCT DESIGN / 张莹，王逸钢编著. — 北京：中国建筑工业出版社，2021.12

工业设计（产品设计）专业热点探索系列教材

ISBN 978-7-112-26933-4

Ⅰ. ①流… Ⅱ. ①张… ②王… Ⅲ. ①工业产品—产品设计—教材 Ⅳ. ①TB472

中国版本图书馆CIP数据核字（2021）第249605号

本教材应对设计类学科“产品设计和交互体验设计”课程，从基本的体验设计概念，以及在产品设计中的重要性入手。逐步阐述体验设计在产品设计中的原则和应用领域，其中穿插大量项目案例。全书分为两个部分，共六章。第一部分是理论阐述，第二部分是实际案例分析。第一部分共分为四个章节：第1章，从概述开始，先介绍“以体验为中心的产品设计”产生的时代背景，以及体验设计和产品设计之间的关系。从设计史中贯穿的“以人为中心的设计”是如何一步一步跟随技术的发展，发展到今天的“以体验为中心的设计”；第2章，介绍人类体验的生物原理，我们是如何通过眼、耳、鼻、舌等感官进行认知，以及如何将这些原理应用到产品设计中去；第3章，介绍“以体验为中心的产品设计”的设计流程和设计方法；第4章，展望“以体验为中心的产品设计”的未来发展方向，探讨从产品的表现媒介到未来的发展趋势。第二部分是实际案例分析，第5章，从“音乐盒”到“体验式旅游产品”，介绍分析近几年作者的学生在国内外实践的体验设计项目。第6章，通过学生的研究性项目，探讨未来体验设计的可能性。本书适用于工业设计、产品设计专业师生及相关从业人员。

责任编辑：吴　绫　唐　旭

文字编辑：吴人杰

责任校对：李美娜

版式设计：锋尚设计

工业设计（产品设计）专业热点探索系列教材

流动的感受　以体验为中心的产品设计

FLUID SENSIBILITY: EXPERIENCE CENTRIC PRODUCT DESIGN

张　莹　王逸钢　编著

*

中国建筑工业出版社出版、发行（北京海淀三里河路9号）

各地新华书店、建筑书店经销

北京锋尚制版有限公司制版

北京京华铭诚工贸有限公司印刷

*

开本：880毫米×1230毫米　1/16　印张：6¾　字数：179千字

2021年12月第一版　2021年12月第一次印刷

定价：**38.00**元

ISBN 978-7-112-26933-4

（38152）

工业设计（产品设计）专业热点探索系列教材

编　委　会

总 序

为适应《普通高等学校本科专业目录（2020年）》中对第8个学科门类工学下设的机械类工业设计（080205）以及第13个学科门类艺术学下设的设计学类产品设计（130504）在跨学科、跨领域方面复合型人才的培养需求，亦是应中国建筑工业出版社对相关专业领域教育教学新思想的创建之路要求，由本人携手包括天津理工大学、台湾华梵大学、湖南大学、长沙理工大学、天津美术学院5所高校在工业设计、产品设计专业领域有丰富教学实践经验的教师共同组成这套系列教材的编委会。编撰者将多年教学及科研成果精华融会贯通于新时代、新技术、新理念感召下的新设计理论体系建设中，并集合海峡两岸的设计文化思想和教育教学理念，将碰撞的火花作为此次系列教材编撰的“引线”，力求完成一套内容精良，兼具理论前沿性与实践应用性的设计专业优秀教材。

本教材内容包括“关怀设计；创意思考与构想；新态势设计创意方法与实现；意义导向的产品设计；交互设计与产品设计开发；智能家居产品设计；设计的解构与塑造；体验设计与产品设计；生活用品的无意识设计；产品可持续设计。”其关注国内外设计前沿理论，选题从基础实践性到设计实战性，再到前沿发展性，便于受众群体系统地学习和掌握专业相关知识。本教材适用于我国综合性大学设计专业院校中的工业设计、产品设计专业的本科生及研究生作为教材或教学参考书，也可作为从事设计工作专业人员的辅助参考资料。

因地区分布的广泛及由多名综合类、专业类高校的教师联合撰稿，故本教材具有教育选题广泛，内容阐述视角多元化的特色优势。避免了单一地区、单一院校构建的编委会偶存的研究范畴存在的片面局限的问题。集思广益又兼容并蓄，共构“系列”优势：

海峡两岸研究成果的融合，注重“国学思想”与“教育本真”的有效结合，突出创新。

本教材由台湾华梵大学、湖南大学、天津理工大学等高校多位教授和专业教师共同编写，兼容了海峡两岸的设计文化思想和教育教学理念。作为一套精专于“方法的系统性”与“思维的逻辑性”“视野的前瞻性”的工业设计、产品设计专业丛书，本教材将台湾华梵大学设计教育理念的“觉之教育”融入内陆地区教育体系中，将对思维、方法的引导训练与设计艺术本质上对“美与善”的追求融会和贯通。使阅读和学习教材的受众人群能够在提升自我设计能力的同时，将改变人们的生活，引导人们追求健康、和谐的生活目标作为其能力积累中同等重要的一部分。使未来的设计者们能更好地发现生活之美，发自内心的热爱“设计、创造”。“觉之教育”为内陆教育的各个前沿性设计课题增添了更多创新方向，是本套教材最具特色部分之一。

教材选题契合学科特色，定位准确，注重实用性与学科发展前瞻性的有效融合。

选题概念从基础实践性的“创意思考与构想草图方法”“产品设计的解构与塑造方法”到基础理论性的“产品可持续设计”“体验时代的产品设计开发”，到命题实战性的“生活用品设计”“智能家居设计”，再到前沿发展性的“制造到创造的设计”“交互设计与用户体验”，等等。教材整体把握现代工业设计、产品设计专业的核心方向，针对主干课程及前沿趋势做出准确的定位，突出针对性和实用性并兼具学科特色。同时，本教材在紧扣“强专业性”的基础上，摆脱传统工业设计、产品设计的桎梏，走向跨领域、跨学科的教学实践。将“设计”学习本身的时代前沿性与跨学科融合性的优势体现出来。多角度、多思路的培养教育，传统文化概念与科技设计前沿相辅相成，塑造美的意识，也强调未来科技发展之路。

编撰思路强调旧题新思，系统融合的基础上突出特质，提升优势，注重思维的训练。

在把握核心大方向的基础上，每个课题都渗透主笔人在此专业领域内的前沿思维以及近期的教育研究成果，做到普适课题全新思路，作为热点探索的系列教材把重点侧重于对读者思维的引导与训练上，培养兼具人文素质与美学思考、高科技专业知识与社会责任感并重，并能够自我洞悉设计潮流趋势的新一代设计人才，为社会塑造能够丰富并深入人们生活的优秀产品。

以丰富实题实例带入理论解析，可读性、实用性、指导性优势明显，对研读者的自学过程具有启发性。

教材集合了各位撰稿人在设计大学科门类下，服务于工业设计及产品设计教育的代表性实题实例，凝聚了撰稿团队长期的教学成果和教学心得。不同的实题实例站位各自理论视角，从问题的产生、解决方式推演、论证、效果评估到最终确定解决方案，在系统的理论分析方面给予足够支撑，使教材的可读性、易读性大幅提高，也使其切实提升读者群体在特定方面“设计能力”的增强。本教材以培养创新思维、建立系统的设计方法体系为目标，通过多个跨学科、跨地域的设计选题，重点讲授创造方法，营造创造情境，引导读者群体进入创造角色，激发创造激情，增长创造能力，使读者群体可以循序渐进地理解、掌握设计原理和技能，在设计实践中融合相关学科知识，学会“设计”、懂得“设计”，成为社会需要的应用型设计人才。

本教材的内容是由编委会集体推敲而定，按照编写者各自特长分别撰写或合写而成。以编委委员们心血铸成之作的系列教材立足创新，极尽各位所能力求做到“前瞻、引导”，探索性思考中难免会有不足之处。我作为本套教材的组织人之一，对参加编写工作的各位老师的辛勤努力以及中国建筑工业出版社的鼎力支持表示真诚的感谢。为工业设计、产品设计专业的教学及人才培养作出努力是我们义不容辞的责任，系列教材的出版承载编委会员们，同时也是一线教育工作者们对教育工作的执着、热情与期盼，希望其可对莘莘学子求学路成功助力。

钟蕾

2021年1月

前 言

交互与体验设计的概念自从被明确提出之后，作为新兴学科方向吸引着大家的注意力。特别是体验设计的概念被真正确立之后，这一设计范畴就越发显得神秘。可是当我们回顾历史的时候，我们会发现，交互与体验其实一直贯穿在人类的设计活动中。

原始人的壁画与图腾的出现，不单单是出于审美的需要，它更是作为当时人类与自然交流的媒介与工具，体现了人类对于自然的尊重与敬畏。我们可以想象制作壁画与图腾的原始人类，是怀着何种心境，制作心中主宰万物的神的形象？而面对图腾膜拜的原始人，又获得了怎样的心理体验？

交互与体验设计随着信息时代的发展，逐渐受到人们的重视，但是在相关的理论研究与设计实践中，似乎存在一种趋势，即把交互与体验设计作为独立的研究与工作范畴，研究方向与项目内容也相对局限、单一。特别是当一些企业把交互与体验设计师作为独立的岗位，或建立独立的交互与体验设计部门时，更加深了社会、业界乃至学界对这一学科认识的片面性。

我国的高等教育体系，一直以来都有将学科细化的传统，这种方式的优势在于可以更好地深化研究方向，合理地配置资源。但是此方式的弊端也同样明显，科学研究的本质在于寻求真理，艺术与设计的本质也同样如此。过于细分与细化的研究与学习模式，无疑会使我们认识自然与世界的视角过于局限。柏拉图在雅典的讲学地的门楣上镌刻有一行字，“不懂几何者勿入此门”，我们今天看来，哲学与几何本是风马牛不相及的两个学科，甚至分属自然科学与人文科学两大基本科学系统；但是实际上，哲学与几何只是两种不同性质的工具，它提供给我们的是两种不同的观察自然与世界的角度。

对于设计学科以及设计行业来说，细分的传统乃至倾向更加明显，这可能与我们的设计教育一直过于注重技能的培养有关。当然，由于服务对象与所需工具的不同，视觉传达设计、服装设计、建筑设计、室内设计、产品设计等不同的设计学科，需要对相关的技能与技巧进行有针对性的训练；但是在技能训练的同时，也不应忽视对于价值观与思维方式的引导与建立，这也体现了设计学科最重要的核心——人文精神。

正如前文所述，交互与体验其实一直贯穿在人类的设计活动中，我们不希望将本书只作为产品设计或交互设计专业的基础教材；我们希望在本书中，将交互与体验设计的历史、概况、基本方法以及发展趋势作大致的梳理与总结；同时将交互与体验贯穿在其他学科中的性质做出分析与说明。所以在本书中，我们尝试从不同的视角对交互与体验进行相对客观的分析与描述；我们也希望读者在阅读本书时抱着开放的心态，尝试思考交互与体验设计乃至广义的设计，在人类社会中担负的责任与存在的意义。同时，也希望大家批评指正。

目　录

总　序
前　言

第1章 体验设计概述 001
1.1 “大设计”时代 002
1.2 体验和设计 006
1.3 体验和产品的简史 010

第2章 人的体验 017
2.1 视觉 018
2.2 听觉 023
2.3 味觉和嗅觉 025
2.4 大脑和体验 027

第3章 体验设计流程和方法 029
3.1 设计的流程 030
3.2 设计的方法 033

第4章 体验设计的未来 039
4.1 “聪明”的产品和“愚蠢”的使用者？ 040
4.2 未来体验原则SNC：S简单、N自然、C平静 045
4.3 未来的实验室 047

第5章 设计实例——关于体验的实验 053
5.1 电子产品　个性化音乐盒 054
5.2 手机里的定制旅行 057
5.3 展览空间的产品体验 064
5.4 多感官打卡 069

第6章
设计实例
——未来体验的探索
075

6.1 工业4.0的人机交互 076
6.2 首饰——关于女性的情绪表达 081
6.3 公共空间的音乐长椅 087
6.4 植物在想什么？ 092

参考文献 097
后　记 098

第 1 章

体验设计概述

20世纪末，随着信息科技的发展和普及，我们可以通过智能手机购物，刷脸支付；可以通过语音控制家里的电器产品，个性化定制自己的音乐播放列表；可以通过手机软件预定国外的民宿，用个人喜欢的方式体验和定义旅行。新技术让以前互不相关的领域开始交融在一起，也让传统“产品”设计的范围不断扩大。1984年比尔·莫格里奇[①]以“交互设计”（Interaction Design）定义了和计算机相关的产品范畴，然后这个本来和屏幕（虚拟世界）息息相关的领域，伴随着摩尔定律[②]逐渐向物理世界（现实世界）蔓延。从计算机界面到物联网，这个新生的学科还来不及制定更多的标准和原则，就又和工业设计相逢了。虽然现实世界的设计元素一直在启发着界面设计师，但今天他们显然要处理更多横跨在现实与虚拟之间的工作。5G时代的到来，让工业设计和交互设计进一步融合，今天我们说起“产品”，可能是一个手机里的App，可能是一个整合的服务流程，也可能是一个提供语音服务的智能音箱。设计的界限越来越模糊，是行业和学科的整合带来的必然结果。今天，比尔·莫格里奇这个曾定义了“交互设计”的工业设计师，提出“交互设计已死，体验设计长存”。因为交互设计的基本原则已被我们熟知，而交互设计的核心——体验，从过去直到现在以及未来，会一直存在于我们对物品的使用、对外部世界的感知，及由此而产生的生活方式当中。

1.1 “大设计”时代

随着电脑和互联网技术的普及，在现今的生活中我们不仅几乎每个人都有智能手机，而且可能还在同时使用平板电脑等智能设备。家庭生活空间中也逐渐出现了可以连接互联网的物联网产品，比如智能音箱、智能门锁和智能灯光系统等。这些智能设备不仅提高了人们的生活质量，也改变着人们的生活方式。比如我们的“双十一”购物节，就是现今新购物方式的狂欢节。它不仅在短时间内能够给平台和商家带来巨额的收益，也催生了很多新的服务型产品，比如快递和网络直播。当然，与此同时也带来了前所未有的问题，大量的快递包装和塑料包装袋给环境带来的重负，似乎被商业的狂欢淹没了。人们沉浸在促销和直播的狂欢中，在点击的瞬间完成消费，而被欲望激发的消费却让大多数人忘记了生活本来的面貌。在这样一个被技术和欲望充斥的时代，设计要面对的问题越来越复杂。设计作为“能够创造新生活的合力之一，或是被认为是构思产品概念进行产品规划的智力活动”[③]，它的领域和边界，方法和规则，都在不断地扩展和延伸。

2009年TED[④]Global大会上，IDEO设计公司的首席执行官CEO蒂姆·布朗（Tim Brown）的演讲，题目是“为什么设计变大了”（Why design is big again），他提出了“大设计”的观点（图1-1）。他的演讲中说道，由于信息革命，我们现在的生活和经济都在发生革新，工业革命系统虽然还在继续对现今的世界产生影响，但是我们已经进入新的时代，处于无处不在的变化中。这些改变迫使我们应该从根本层面去思考。因为在高度变化的时代，我们需要新的选择，现存的解决方案已经过时了，对于现在的世界，我们需要新的解

---

① 比尔·莫格里奇（Bill Moggridge，1943—2012），现代笔记本之父，交互设计命名人之一。

② 摩尔定律：摩尔定律是由英特尔（Intel）创始人之一戈登·摩尔（Gordon Moore）提出来的。其内容为：当价格不变时，集成电路上可容纳的晶体管数目，约每隔18个月便会增加一倍，性能也将提升一倍。换言之，每一美元所能买到的电脑性能，将每隔18个月翻两倍以上。这一定律揭示了信息技术进步的速度。

③ 维克多·马格林，理查德·布坎南. 设计的观念[M]. 张黎，译. 南京：江苏凤凰美术出版社，2018，04：18.

④ TED（指Technology，Entertainment，Design在英语中的缩写，即技术、娱乐、设计）是美国的一家私有非营利机构，该机构以它组织的TED大会著称，这个会议的宗旨是“传播一切值得传播的创意”。

图1-1 “大设计”Tim Brown TED演讲
（图片来源：Tim Brown TED演讲 重新绘制）

决方案，去探索新的可能性，将单纯的设计变成设计思维。当我们的出发点是人的需求，而不是创造有形的“物”，不再把消费主义作为主要的目标，而是以人为本，把设计从单纯的消费者与生产者之间，转变为人人都可以参与的过程。把设计的目标从有形的“物”扩展到无形的可以参与的系统，从而让参与其中的人得到更多有效而有益的体验。

在演讲中，蒂姆・布朗介绍了一个关于如何改进医院患者的就医体验过程的研究。在美国的凯萨医疗（Kaiser Permanente），IDEO的设计人员和医生一起研究了护士的日常工作（图1-2），包括轮班制度以及与患者的沟通和交流（图1-3）等。通过观察、头脑风暴和快速原型等方法，他们制定出了一套全新的轮班制度，并取消了护士站，以便更有效地和患者进行沟通。而且IDEO最终设计了一个安置在病患面前的简单的软件系统。这个系统把护士巡视病患的间隔，从40分钟缩短到20分钟，不仅增强了患者的信心，也提高了护士的工作满意度，设计最终完善了双方的体验。

在演讲的最后，蒂姆・布朗倡导设计师应该在这个新的时代提出新的问题，而不再仅仅热衷于设计和生产热门的产品。设计师应该关注系统和革新，从人本身的需求出发，以设计思维为用户创造新的良好的体验，这才是更有价值的设计。

设计范围的扩展，在近几年全球设计领域都多有

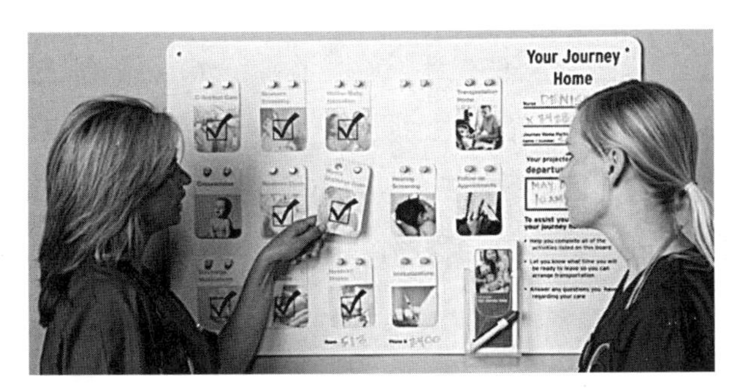

图1-2 研究过程
（图片来源：https://designthinking.ideo.com/blog/how-might-we-design-for-behavior-change）

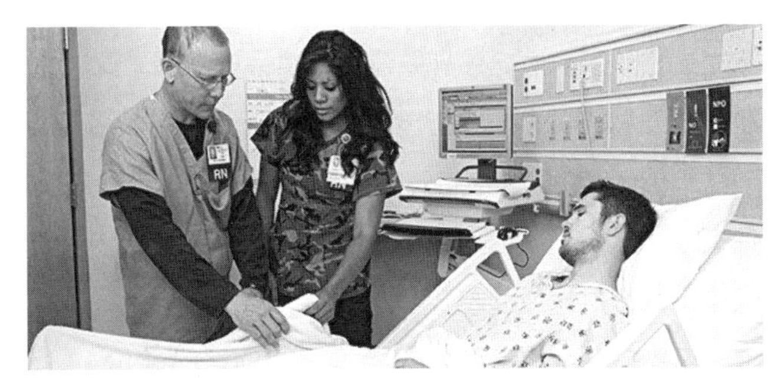

图1-3 研究过程中与患者沟通和交流
（图片来源：https://designthinking.ideo.com/blog/how-might-we-design-for-behavior-change）

图1-4　G-mark设计奖的获奖项目“寺庙零食俱乐部”
（图片来源：https://congrant.com/project/ooc/1076）

体现。比如2018年日本的G-mark设计奖[①]的获奖项目“寺庙零食俱乐部”（图1-4）。项目起源于2013年发生在日本大阪的一个社会事件。警方在大阪市北区一栋公寓里发现了一对被饿死的母子，孩子年仅3岁。因为家庭暴力的原因，母亲带孩子独自居住，而没有经济来源的母子最终被活活饿死，陈尸3个月之后才被发现。该事件曝光后引起了日本社会的强烈反响，很多人这时才意识到，在当今富足的日本社会，普遍存在着“饥饿”和“贫困”的现象。这个事件让一位奈良的寺庙住持——43岁的松岛靖朗内心受到极大的震撼，从而产生了帮助贫困儿童解决饥饿问题的想法。他收集寺庙里的贡品，然后分发给贫困的人群，尤其是日本大量的贫困单亲家庭，这样既避免了食品的浪费，又让需要食物的人们得到了帮助（图1-5）。这个活动从2014年的奈良寺庙开始，到今天参加的寺院有1300个以上，注册团体超过450个，领取食物的孩子每个月超过1.2万人。

日本G-mark设计奖的评委对该项目的评价：“寺庙零食俱乐部将过去寺庙在地方社会的经营方式以现代的结构重新设计，将寺庙的‘有’和社会的‘无’完美结合在一起。”“除活动本身的意义外，利用现有的组织、人、事物和习惯的连接重构就能发挥作用的组织之美，也受到了高度评价。”通过这个项目，我们可以认识到，设计的本质不是以商业有形的“物”为最终目标，而应该是一个可以让人们的生活变得更好的理想。这个项目让人体验到设计的善意，也表达出了“大设计”的概念。

被称为“产品”的“物”，在最初是作为工具被设计出来的，作为人类能力和肢体的扩展和延伸，比如从马车到汽车，再到飞机，让人可以越来越快地移动。伴随着社会发展和人们的生活质量的提高，设计不仅需要解决实际问题，同时还要起到象征符号的作用，用来表达个人意愿，体现美学认知以及文化价值。在很长一段时间里，“什么是好的设计”这个问题，一直围绕着“物的形式如何提高人们的生活质量”而展开。比如包豪斯时代的设计主题是理性主义，致力于研究，并推广简洁而理性的形式、规则与秩序；即使是20世纪60年代反

① “Good Design Award”创立于1957年，也是日本国内唯一综合性的设计评价与推荐制度，通称为G-mark，中文称之为“日本优良设计大奖”。

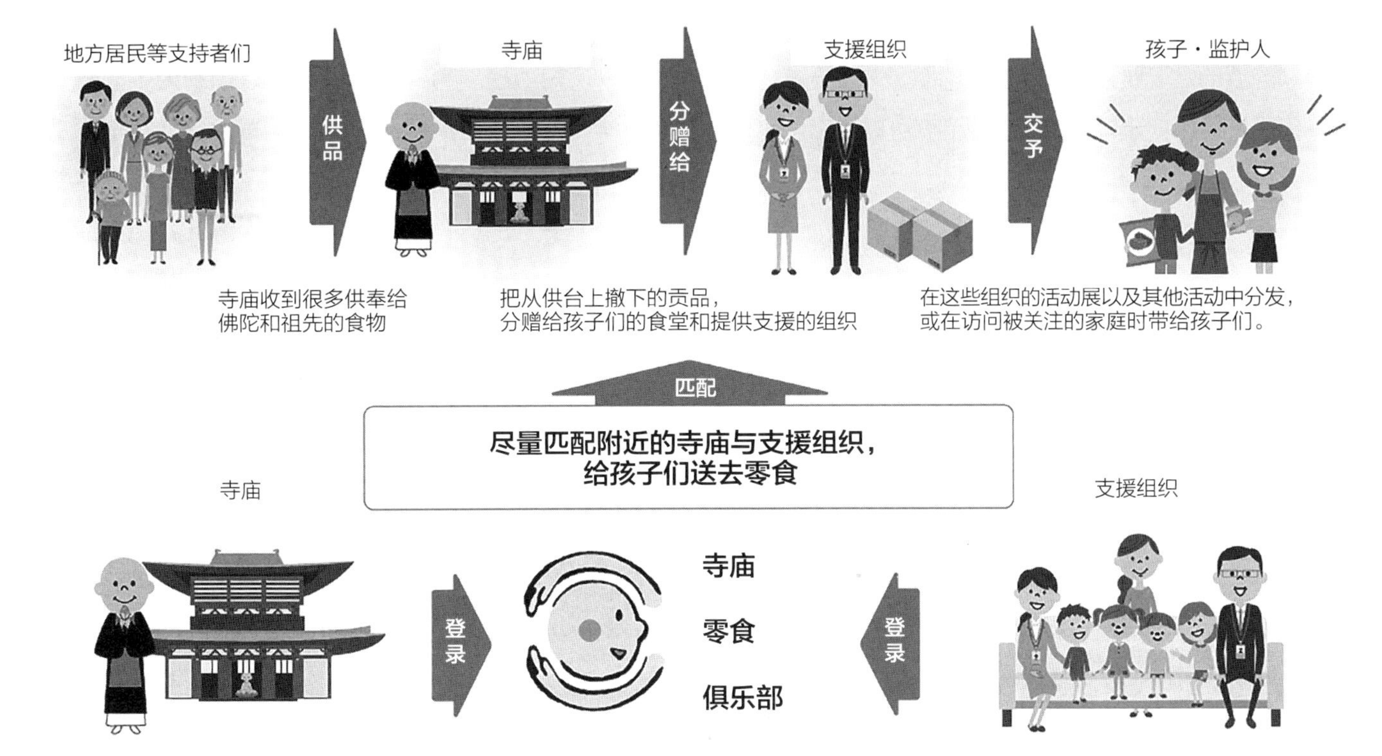

图1-5 “寺庙零食俱乐部”系统图示
（图片来源：https://congrant.com/project/ooc/1076）

对理性主义与形式约束的波普设计师，又或是20世纪80年代的孟菲斯设计集团，他们也都只是强调“物”的本身，而没有提及“物”背后复杂的逻辑关系，以及“物”使用时的情境、过程和使用者与“物”的关系以及使用过程中一系列的行为模式和情感体验等。随着新的技术，主要是计算机技术的发展和普及，出现了从未有过的对“物”的使用方式（图1-6）。新的通信和电子技术带来了一个崭新的世界，人们与新产品的关系，以及由此而产生的行为方式，正在改变着人类社会的各个方面。

在这样的前提和背景下，20世纪80年代末至90年代初，设计的主题开始发生逆转。“物”或者“传统的产品”仍然重要，但是它们是作为用户在使用过程中的符号化行为载体。比如我们每天都使用的智能手机，它只是作为连接互联网的终端操作平台，而我们真正的使用和体验到的，是通过平台提供给我们的各项服务（通常是由不同的公司提供的）。设计的领域与边界在不断地被扩展与延伸，对应新的“产品”的设计方法、设计原则和设计理论，也在不断地被更新和调整。

所以今天，当我们一说起“产品设计”，这里的产品不再是工业社会背景下的实体物品设计，也有可能是屏幕上提供消费服务的产品软件，或者是一个服务流

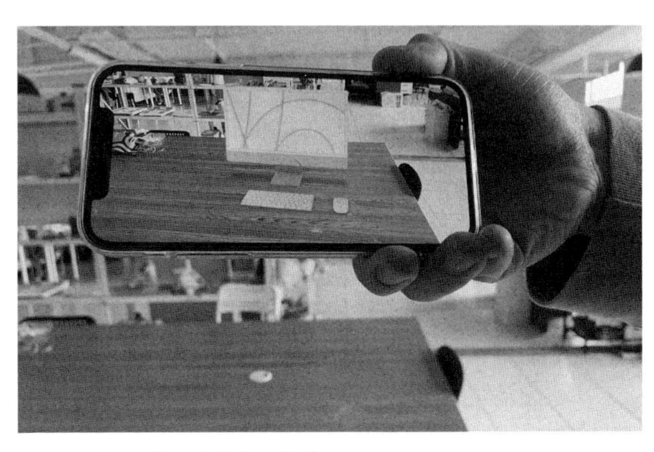

图1-6 苹果手机里新的使用体验
（图片来源：苹果官网软件，作者自摄）

程，甚至像“寺庙零食俱乐部”一样是一个经过设计策划的活动。只要它是为了解决问题，并且通过解决问题带给用户更好的体验，我们就可以说它是被设计过的“产品”。

1.2 体验和设计

“诺曼的门”是设计界广为人知的“反体验”的例子，由唐纳德・A・诺曼（Donald Arthur Norman）发现并提出。它是指那些让人不知道是通过“推”还是“拉”，才能打开的门（图1-7）。

20世纪80年代末，唐纳德・A・诺曼博士在他的重要著作《The Psychology of Everyday Things》（译名《设计心理学》）中，工程师出身的他，以认知心理学为背景，提出了以用户为中心的设计哲学，并随后定义了用户体验的概念。他在书中提出：“在技术不断更迭的今天，我们面对如此之多新颖而又功能多样的科技新产品时，作为设计师能不能设计出让用户体验良好，使用简便的产品?”技术或许会高速发展，但人的变化却很缓慢。在《设计心理学》的开篇，他就提出：“设计的目的大多是要让产品为人所用，因此，用户的需求应当贯穿在整个设计过程之中。”不管我们面对的是课堂上的虚拟课题，还是实际的产品设计项目；不管这里的“产品”是一件传统的家具，还是一个即将放入苹果网上商店的软件；如果我们不经思考就直接绘制产品草图，或者软件的线框图；如果我们单单只从自己的经验、感受和意图出发进行设计，就意味着我们并没有建立起以用户为中心的思维方式。而上述这样的情况，不仅在专业高校里，在一些过于追求快速高效的实际设计项目里也是非常常见的。

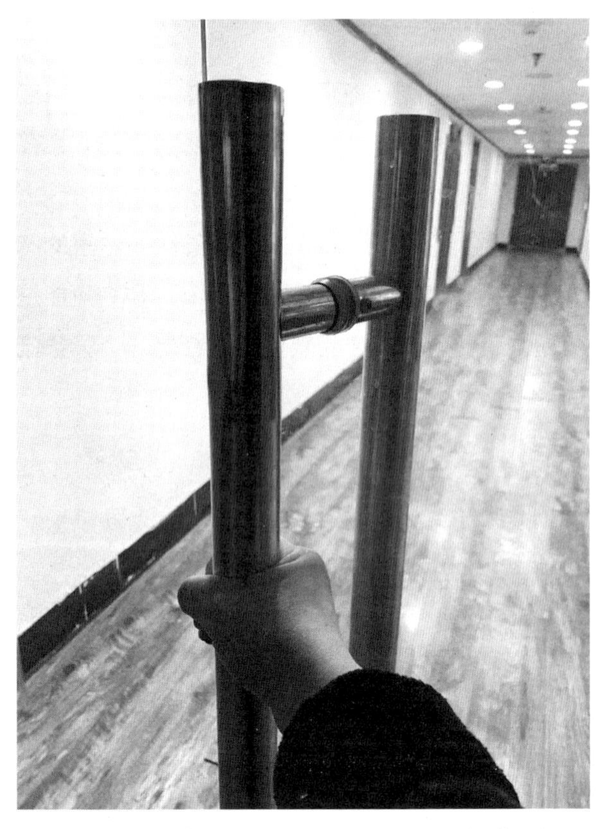

图1-7 “诺曼的门”指不知道是通过“推”还是“拉”才能打开的门
（图片来源：作者自摄）

我们在学习设计的过程中会涉及很多范畴，比如美学、社会学、心理学、机械结构、材料、视觉传达等，而传统的设计教育往往只强调设计成果的“造型美感”。在学习的过程中我们应该逐渐认识到，设计的复杂性和多学科跨领域的特点，在设计的领域里没有一个因素是不重要的。设计是一个对表面上相互冲突的各种要求进行协调的过程，这个过程充满挑战和尝试。在这一前提下，用户的需求和体验这一因素就像人体的脊椎，始终贯穿于设计的整个流程。尤其是在这个新技术爆发的时代，如何以体验整合技术，并协调技术与人和环境之间的关系，是每个设计师都要面临的问题。

1.2.1 体验和其他学科的关系

丹・塞弗（Dan Saffer）在他的著作《交互设计指南》中，设定了一个以交互设计为中心的多学科关

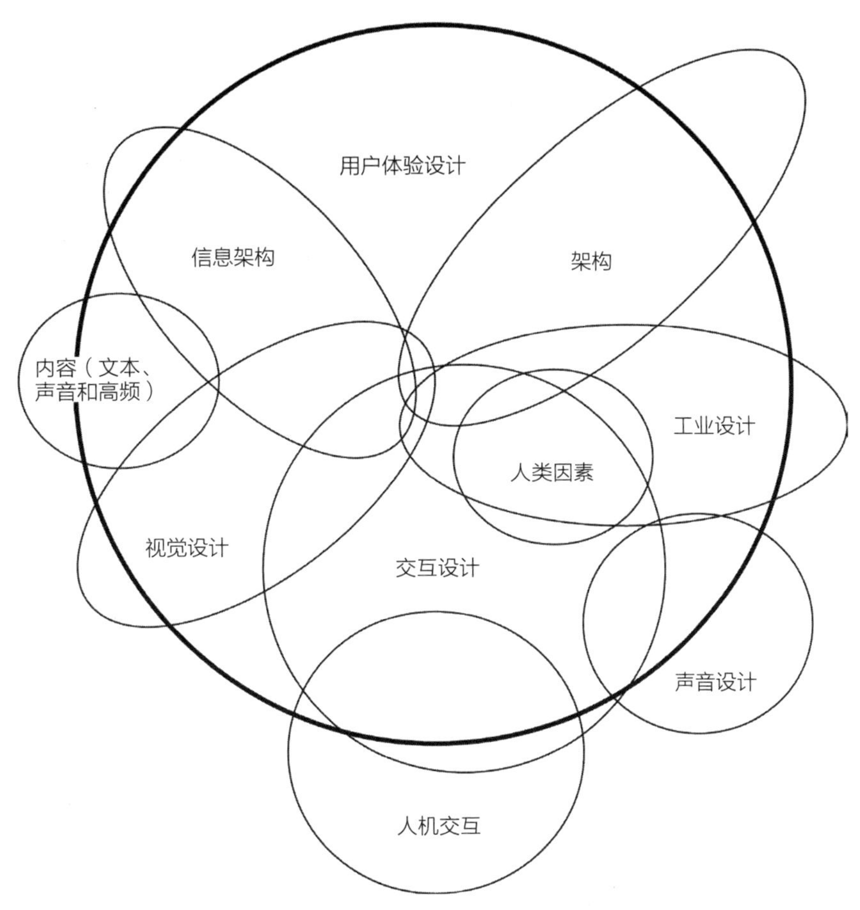

图1-8 学科关系图
（图片来源：根据丹·塞弗《交互设计指南》重新绘制）

系图[①]（图1-8）。在图中，我们可以发现用户体验设计作为一个整体的框架涵盖了所有的要素，包含传统的工业设计、新兴的交互设计，以及易用性工程、信息设计、界面设计和人机交互等学科。结合上述的定义我们可以看到，体验设计泛指用户在使用一个产品、一个系统或是享有一个服务的过程中，所产生的行为和主观情绪与态度，以及此后留存于用户记忆中的主观体验，即回忆中。

1.2.2 以体验为中心的产品设计

这里我们要重点阐述的，既不单单是用户体验，也不单单是设计，而是这个时代传统设计的转变，或者更确切地说，是以人为中心的产品设计范式的进化。

知名的产品设计师深泽直人，是最早运用“以人为中心”的设计方法进行设计实践的设计师之一。深泽直人早年在美国硅谷的IDEO工作室工作了七年之久，而后又回到东京成立了IDEO东京工作室，再后成立了自己的工作室并任职于无印良品。IDEO为硅谷的科技产品自主开发了一系列新的设计方法和流程，以及多学科、跨学科合作的工作方式，这些都无疑影响了深泽的设计理念。深泽直人的设计将IDEO的方法和传统工业设计体系，以及日本文化传统相融合，将日本文化中的“手工艺”感和现代工业产品技术工艺相融合，让产品在使用过程中带给用户独特的体验。这些“体验”不是从一个被设计的完美的“物”中呈现，而是通过设计

① 丹·塞弗（Dan Saffer）. 交互设计指南[M]. 陈军亮，陈媛嫄，李敏，等译. 北京：机械工业出版社，2010：19.

师对于所设计的物品和人，以及物被使用的环境之间的“关系”而展现出来的。所以和深泽共事过多年的同事、IDEO的首席执行官蒂姆·布朗（Tim Brown）称深泽直人为“关系设计师”。他描述深泽的工作方式是“他从物的外部一步步进入，以便于能够更好地理解和思考用户的心理”。在大型科技公司和产品甲方客户中（这种情况现在也广泛存在），还不能超越物的功能和技术去讨论设计的时候，以深泽直人为代表的设计师们就已经看到了物和人之间的联系，他们日复一日仔细地观察着这个世界和人之间的沟通方式，并以设计为媒介，进行着更广泛的实践（图1-9）。

深泽直人早期在IDEO就职期间为纽约现代艺术博物馆（MOMA）设计的“工作环境”系列，很好地体现了他对于产品和人之间“关系”的理解。“工作环境”是2001年纽约现代艺术博物馆举办的主题设计展，策展人希望设计师从不同的角度分析，随着手机和网络的普及，我们的工作方式和办公概念将会发生怎样的转变。深泽直人的主题是“在企业形象中保持个性”，他为此做了两件作品。

第一件作品叫“桌子般大小的天空”（图1-10），深泽认为将来的办公空间不再是一个固定的地方，也不再遵从格子间这种传统的形式。所以他希望在办公桌的上方打造一片和桌子同样大小的“天空”，每个“天空”之下的空间就是隐私的，在自己的隐私空间下工作的人（图1-11），可以雕刻或截取世界各地的天空，比如一块夏威夷冬日里多云的天空，作为自己工作空间独特的展现。

“灵魂留在了背后的椅子”是这个系列的另一件作品。通过在椅背前面固定一个小的摄像机，把使用者的背影图像投射到嵌在椅背表面的LCD面板上。当人坐下时，他的背影也会呈现在椅背上。当人站起来时，椅背上的图像则会延迟后才从屏幕上消失，或通过设置让图像停留在椅背。设计师认为，这种已经离开办公

图1-9　1988年深泽直人（右一）在IDEO合影
（图片来源：https://www.ideo.com/）

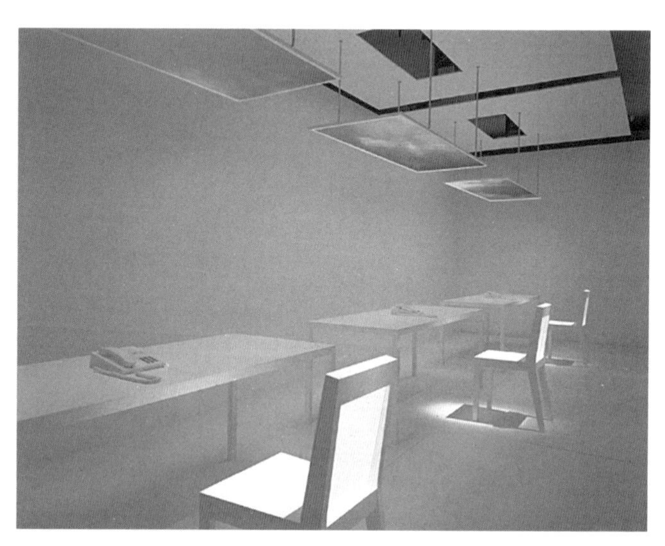

图1-10　桌子般大小的天空Hidetoyo Sasaki拍摄
（图片来源：https://naotofukasawa.com/Naoto Fukasawa设计工作室提供）

室的人所留下的在场感，可以被看作使用者的个性（图1-12）。

体验式的产品设计和传统产品设计最大的不同，就是设计师看待“物”的方式。比如，深泽直人看的是“关系”。在另一些非实体的“产品”中，体验式的设计会更突出它的时间性。例如一个良好的用餐过程，产品的体验设计可能从消费者预定位置时就开始了，到点餐、用餐，甚至上卫生间；整个就餐流程，都会经过详细的考量，宛如一台舞台剧，不同职责的服务员都有自己的角色，而为不同的顾客创造良好的就餐体验，并让他们拥有美好的回忆，就是产品设计的核心。

图1-11 使用者和桌子般大小的天空，Hidetoyo Sasaki拍摄
（图片来源：https://naotofukasawa.com/Naoto Fukasawa设计工作室提供）

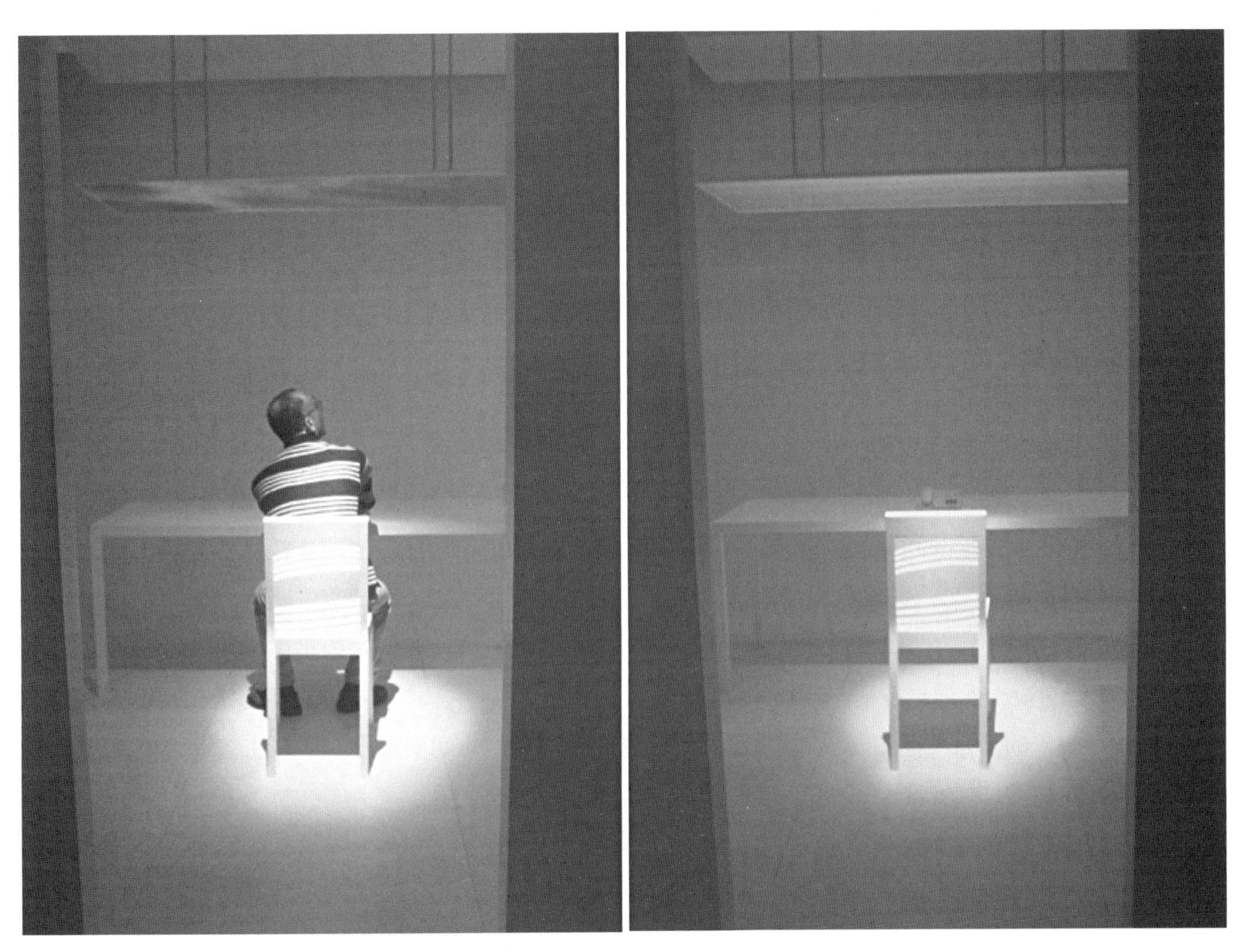

图1-12 灵魂留在了背后的椅子，Hidetoyo Sasaki拍摄
（图片来源：https://naotofukasawa.com/Naoto Fukasawa设计工作室提供）

1.3 体验和产品的简史

我们应该谨记，我们正在设计的对象将会被人或人们骑乘，被乘坐，被人观看，和人交谈，被人激活，操作或是以其他方式被人使用。当产品与人之间的接触点产生不适时，设计师就失败了。而另一方面，如果通过与产品的接触让人们变得更安全，更舒适，更渴望购买，更高效（或者感到更幸福），那么设计师就成功了。①

虽然“人因”“用户体验”“交互”这些概念和定义在近三十年才被反复提及，但是这些理念在还没有被设计理论学家冠名前，就已经存在很长时间了。以“物”为媒介的界面设计曾经是产品设计师的工作，甚至最早是属于IT工程师的领地；按键、按钮、把手等和人接触最紧密的部分，也都属于“人机工程”的研究范畴。而当屏幕带给我们虚拟空间以后，“界面设计”和屏幕作为主要的信息交互载体，似乎所有解决方案都只有从这一个通道进入，这无疑是技术过剩带给人们的错觉。我们先来看看从传统的工业产品，到信息技术开端以人的体验为中心的设计案例。

1.3.1 为人而设计，闹钟上的“用户界面”

美国工业设计先驱亨利·德赖弗斯（Henry Dreyfuss 1903—1972），在设计史中是人机工程学的开创者和奠基者，并以他为美国航空和贝尔电话做的卓越的设计而记录在册。但是如果你读过，他在1955年的《为人而设计》(《Designing for People》）的著作，就会发现亨利·德赖弗斯对于设计的见解是超越他的时代的。一方面，他提到了很多当时一直到现代，在实际的设计项目中，设计师经常会碰到的一些问题，以及他巧妙的解决方案，比如工业设计师如何和工程师以及客户沟通合作；另一方面，他早期舞台设计的工作经历让他很早就提出了“以人为中心”的设计主张，并且提出在产品和人的“接触点”应该为人们创造出舒适的感受，从而让人们产生积极的情绪。在他的书中第二章，为人体工程的范式，创建设计了“人物画像”的早期范式“乔和约瑟芬”。他也是最早关注人的行为和运用“人种志”的方法进行设计的工业设计师。

“乔和约瑟芬”（Joe and Josephine）是亨利·德赖弗斯工作室设计的美国男性和女性基本用户模型也是人机工程学中“人物画像”的早期范式。在20世纪中期，对于“乔和约瑟芬”的研究，不仅停留在物理的尺寸上，还涉及了心理层面的研究。“乔和约瑟芬”的原型人物在亨利·德赖弗斯的工作室里，并不是我们在人体工程学的书中看到的那样，周围布满了精确的数据，成为设计师用以规范尺度的标准，而是鲜活的角色。这样的设定也应该来源于亨利早期的舞台设计思维方式。他/她有多个不同尺度，作为他/她们成长的版本，对光和色彩反应强烈，对于噪声和气味异常敏感。而设计师的工作宗旨，就是在不同的项目里，时刻不要忘记让作为用户的“乔和约瑟芬”适应他们的环境（图1-13）。

在亨利·德赖弗斯的设计中，我们可以看到他对人们行为的关注和兴趣，图1-14是1931年左右他设计的一款闹钟，亨利·德赖弗斯在设计这款并不昂贵的闹钟时，独自做了大量的研究，比如在早上刚睡醒时去感受和测试表盘字体的大小。目的是为了让使用者们在睡眼蒙眬的情况下，仍然可以很容易地看清表盘的信息。所以他针对表盘内文字的大小，和字体的样式做了多种尝试。这个机械闹钟的表盘，无疑可以看作它与用户之间最重要的“接触点”，即是闹钟的人机交互界面。

① Henry Dreyfuss. Designing for Peoples[M]. Allworth Press，an imprint of Skyhorse Publishing，Inc. P6.

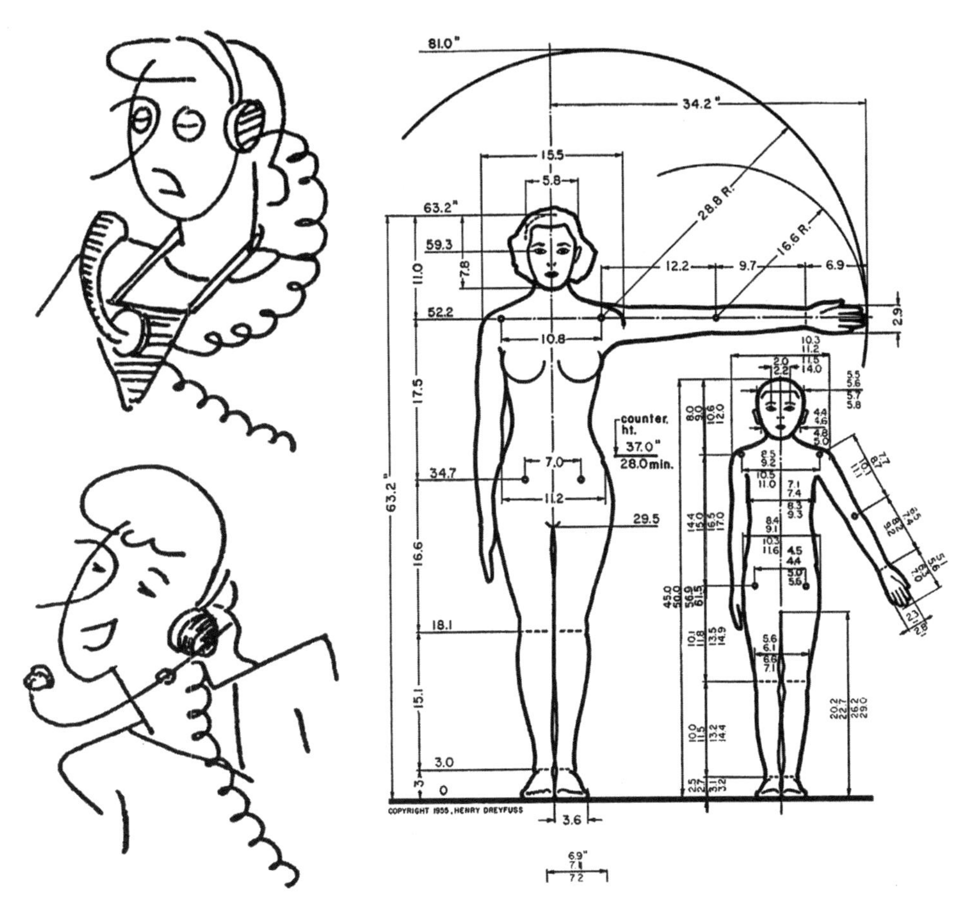

图1-13 《为人而设计》书内插图
（图片来源：《Designing for People》）

图1-14 德赖弗斯设计的闹钟
（图片来源：https://ftp.clockhistory.com）

1.3.2 屏幕中的“用户界面”

1980年初美国硅谷，比尔·莫格里奇（Bill Moggridge）从伦敦搬到硅谷的第一个项目，就是帮助约翰·埃伦比（John Ellenby）的GRiD公司开发设计了一款“有电子屏幕、体积小到可以带着到处走的计算机”。这款被命名为“GRiD Compass”的计算机，在1982年被推出后，被认为是第一台可携带式工作用途的笔记本电脑（图1-15）。那时的比尔·莫格里奇已经是一个有过很多设计项目经验的资深设计师，对于如何做好实体设计非常擅长，他为“GRiD Compass”设计的折叠结构，成为这台笔记本电脑在当时申请的43项专利之一。在设计的过程中，因为要做好屏幕和

图1-15　比尔·莫格里奇设计的GRiD Compass
（图片来源：比尔·莫格里奇《关键设计报告》第6页）

键盘的设计，需要比尔·莫格里奇和软件工程师合作，一起整合信息和图文，这段设计经历让他发现了一个新的世界。

“我觉得最重要的那些主观特质，几乎都和软体互动有关，而不是实体设计。”[①]包豪斯近半个世纪总结出的艺术与工程相结合和统一的框架，在这里却不太适用了。不同于传统的实体产品设计，它没有物理实体，也不单单是平面和交流的设计，它连接着计算机的软件和硬件、编程和代码。但是设计师需要把产品和用户连接起来，为人所用。“我的失望与灵感都存在于这个虚拟的空间里。”比尔·莫格里奇被这个虚拟空间里的产品所吸引，经过学习和实践，他慢慢设计和研究处于软件和计算机之间的互动，并就这个设计主题在1984年的发布会上，将这个学科称为“Soft-face”，也就是软件和使用界面的综合体。后来在他的工作伙伴比尔·佛波兰克（Bill Verplank）的协助下，更名为“交互设计”（Interaction Design）。

1.3.3　鼠标

戴维·利德尔（David Liddle）是斯坦福德大学的教授，早期计算机设计的代表人物。他曾经说过，新技术的发展和与人互动的关系，可以分成三个阶段。第一个阶段，对应的是技术狂热者，这些人并不在意技术的操作难易，他们更关注技术本身和技术的效能。技术的高难度，并不能降低这个人群对于它的渴望；第二个阶段，是专业阶段，这时采购者和使用者往往不是同一个族群。比如早期公司采购的电脑、工作站，或是先进的医疗设备。这个阶段采购者往往没有实际使用经验，所以这些购买者并不会将操作难度作为重点，而是关注价格、特殊的功能以及售后服务。而使用者甚至对于高难

① Bill Moggridge. 关键设计报告[M]. 许玉铃，译. 北京：中信出版社，2011：11.

度的技术更感兴趣，因为通过这些技术可以推介他们的能力和提升他们的价值。第三阶段是消费端，这时人们关心的是通过技术可以得到什么样的服务，至于技术本身并不是他们关心的重点。他们也不希望花费太多时间去学习如何操作，不好用就不会购买。我们今天很多计算机和电信技术，正是处于这个阶段，面对消费者日常的需求。比如我们已经习以为常的鼠标，作为连接使用者和屏幕之间的装置，它的发明和发展的历史，即可说明上述的发展过程。

鼠标虽然是连接我们和计算机最重要的工具，但是它从发明到普及也经历了漫长的时间。鼠标之所以普及，被大众所接受，并不是因为它被创造出来，而是因为和其他用来连接屏幕的工具相比，它更好用，也就是它发展的第一阶段。在鼠标创造出来的同一时期，光学笔、光标键、操纵杆控制器、轨迹球与一堆早期曾用来尝试在屏幕上点选的工具一同发明出来，通过使用和比较，大家选择了鼠标。

道格拉斯・恩格巴特（Douglas Engelbart）是鼠标的发明者，他对自己的形容是“一个乐于工作的电子工程师”。他在1962年发表的报告《扩增人类智慧：一个鞭策我前进的概念框架》中阐述了自己的理想，“为了人类福祉将人与计算机纳入共存系统”。在这套系统的理论基础上，他成功地研发出鼠标以及与其他用来和计算机互动的工具。道格拉斯・恩格巴特作为鼠标的发明者名留青史，但他的研究和发明主要针对上述第一个阶段，此后他致力于开发只有少数极专业的人可以操作的基础软件，可以集合鼠标与键盘的功能，但这里他选择服务的人群不是广大的消费者，最终也让他的影响力受到了局限。第一支鼠标（图1-16）是道格拉斯・恩格巴特用木头制作的。

鼠标研发期间，另一个值得一提的设计师是斯图・卡德（Stu Card）。他在1974年加入施乐帕乐阿尔托研究中心参与鼠标的研发设计。他是首位以人机交互学者身份加入研究中心的工作人员，他提出的“支持

图1-16　第一支木头鼠标
（图片来源：比尔・莫格里奇《关键设计报告》第25页）

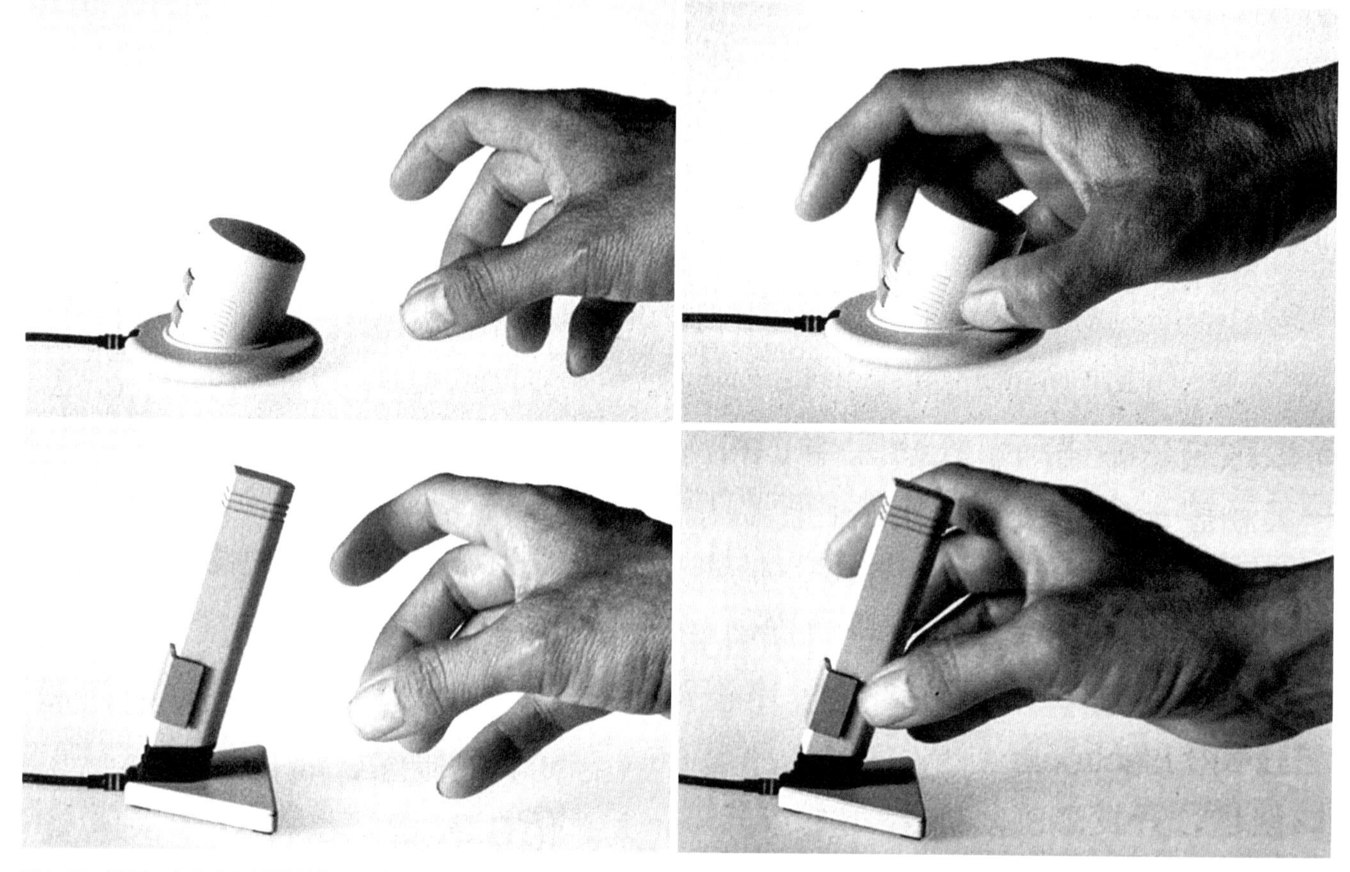

图1-17　斯图・卡德参与设计的施乐概念鼠标
（图片来源：比尔・莫格里奇《关键设计报告》第35页）

工程”（Supporting Science）不同于当时的研发流程，并不是在设计成型后才做成果评估，而是在设计阶段就开始介入。斯图・卡德了解鼠标的技术和局限，他协助设计师寻找新的点子，扩展了设计在科技产品研发中的作用。早期的工程师介入让设计团队创建了不同的原型，斯图・卡德认为“支持工程”的运作模式，是找到设计所面对的限制，帮助设计师更好地解决技术问题，而不是仅仅解决技术本身的问题（图1-17）。

一个新的技术在发展成熟之后，经过长时间的迭代，才会抵达消费端。这时技术提供的服务和体验，才是消费者最关心的事情，比如我们已经熟悉的苹果鼠标就是在这个阶段（图1-18）。

图1-18　苹果鼠标
（图片来源：苹果官网）

1.3.4 HP35计算器

惠普HP35的计算器，在硅谷的技术信息产品中是第一个用逆向思维，以用户体验为中心进行设计开发，进而取得重大市场成功的案例。另一个可以类比的例子，是乔布斯的Apple（苹果）电脑。

今天我们可以用智能手机享受各种服务，得到各种信息。人们很难想象20世纪80年代，惠普的计算器大到需要放在一整张桌子上，而且这样的计算器还只能运算加减乘除。惠普当时的CEO比尔·休利特（Bill Hewlett）推动策划的HP35计算器，就是一款迷你的可以放进口袋的便携计算器。“这部HP35是专门为你而设计的。我们在计算器的键盘布局、功能选择以及外观设计上花费了和内部电器设计一样多的时间。”以上是HP35说明书里的介绍，表明了HP35是一台以用户体验和需求为出发点的科技产品。这样的开发产品的案例在1972年的硅谷是非常罕见的，当时大多数产品是科技驱动产品开发。而这台HP计算器在当时售价395美元，一天就能达到1000台的销量。当时它在一年之内，给惠普公司带来了占整个公司41%的利润[①]。

HP35不仅取得了市场上的巨大成功，在技术上创新迭代，对于惠普公司，对于当时的硅谷和整个设计界都意义重大。因为在此之前，整个硅谷的科技产品设计流程都是“由内而外”，即按照技术的要求去设计外观，产品设计只是给芯片和电路包了个壳。但是HP35的设计改变了这一做法，“一个衬衫口袋大小的科学计算机，内置的可充电电池可操作四小时，且价位是任何实验室和许多人都买得起的”，这是硅谷第一次由设计师而不是工程师，从用户需求出发，为用户的体验而设计的产品（图1-19）。

体验设计并不是一个新的设计门类，而是一种观察视角或设计方法。体验设计的意义在于让设计者更加客观地认识人造物与人之间的关系，自工业革命以来，技术与制造工艺的进步让人类可以更加高效地制作工具和物品；正是因为造物的便利，让我们习惯于将眼光放在造物的过程，而忽视了人在使用物品时的状态和感受，即人的体验，以及物品在被使用时传递给人的信息，即人与物之间的交互。无论如何，“人”这一因素必然是设计活动中最关键的因素之一。

图1-19 HP35计算器
（图片来源：https://zh.wikipedia.org/wiki/HP-35）

① 王欣. 硅谷设计之道[M]. 北京：机械工业出版社，2019：29.

第2章 人的体验

如果以“人”作为设计的出发点，那么就需要我们对“人”的信息有基本的了解，比如人的身体结构、运动方式、行为模式、心理活动模式、沟通模式、社会体系模式等。对于体验设计来说，人的感知系统是我们首先要了解的。

1974年美国纽约大学，哲学和法学荣誉教授内格尔（Nagel）发表了一篇论文《做只蝙蝠是什么感觉》，引起了西方学界的广泛关注。他的文章指出：“就算有一天人类完全了解了蝙蝠大脑的工作机制，也永远不可能知道做只蝙蝠是什么感觉。比如蝙蝠在用超声波定位的方法飞翔时，它的脑子里在想什么。蝙蝠的意识将永远超出人们的理解力。”[①]虽然我们无法“亲自”了解其他人或其他生物的主观体验，但是却可以通过科学手段，逐渐了解人脑的神经活动反应。进一步也可以了解人类的“感应器”，即我们的眼、耳、口、鼻，以及皮肤等生物感官是如何接收信号，并且传递给大脑的。

我们的知觉通过长时间的进化，能够向我们提供可用的信息。然而这些信息并不是全部信息，它们是通过“节约”原则，修正后的信息。“松叶落下，鹰看见它，鹿听见它，熊闻见它。”这个印第安的谚语说明，不同的物种对于不同的信息敏感，我们可以称之为感觉特异性。比如蚊子对于人类汗液的特异化感受器，让它们能够探测到人类汗液的气味。我们人类也有属于自己的感觉特异性，比如我们对于苦味敏感，来源于人类的共同基因，对于有毒食品的警惕；我们的嗅觉对于腐肉的气味也高度敏感，这些都是从远古一直存留在基因中，对于我们生存有用的信息。

我们所有的“体验”都是来自于这些感受器的输入，经由神经系统传达到大脑。然后由大脑给出反馈，最后形成了我们个人的主观记忆。那么人类的“接收器”是如何工作的？我们又应该如何将它们的原理应用到设计中去？

2.1 视觉

2.1.1 视觉基本原理

我们的视觉感受器就是眼睛。我们的眼窝呈漏斗形状，由7块不同的骨头组成，包裹着眼球，即感受器的“硬件”。眼窝上方的眉毛，是为了防止汗水和雨水流入眼球。上下眼睑用开合的方式包裹保护眼球，眼睫毛同样起到了保护眼球的作用。而眼窝内的脂肪，起到了类似支架的支撑作用，并且可以减缓外力对于眼球的冲击。其他的保护措施还有泪腺，当眼球受到外界刺激时，比如灰尘、雨水、冷热或是强光，神经中枢就会指示泪腺分泌泪水滋润眼球，并带走灰尘。

而倍受保护的眼球又是如何让我们看到物体的呢？当物体反射或产生光，并刺激我们的视觉感受器，刺激的强度决定了感受器细胞器去极化的程度。感受其反应的幅度和反应的量，决定了下一群神经元会发送多少动作电位，以及动作电位发放的时间。眼睛与大脑连接的过程如图2-1，光线从虹膜中央的小孔进入眼睛，这个小孔就是瞳孔。然后光线被晶状体和角膜聚焦，其中晶状体作为屈光结构，还起到了调节聚焦的作用。光线被投到视网膜上，位于眼睛后表面的视网膜，布满了视觉感受器（即视杆细胞和视锥细胞），不同的光线由神经系统编码成各种各样的神经元活动传递给大脑，在大脑中形成影像。

作为脊椎动物的我们，视网膜包含两类感受器：视杆细胞和视锥细胞（图2-2）。视杆细胞对明暗产生反应，它们分布在视网膜的外围，明亮的光线会使他们失去活性，所以它们在白天没有在夜晚昏暗的光线下的作用大。视锥细胞则对色彩产生反应，是颜色视觉的关

① 托马斯·内格尔．论文《做只蝙蝠是什么感觉》，1974。

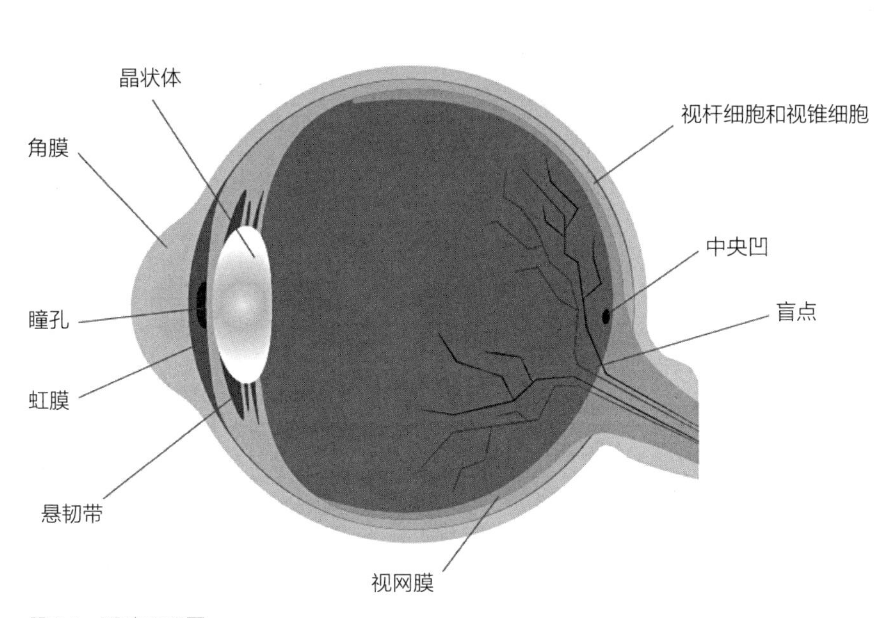

图2-1 眼球原理图
（图片来源：张寅生 绘制）

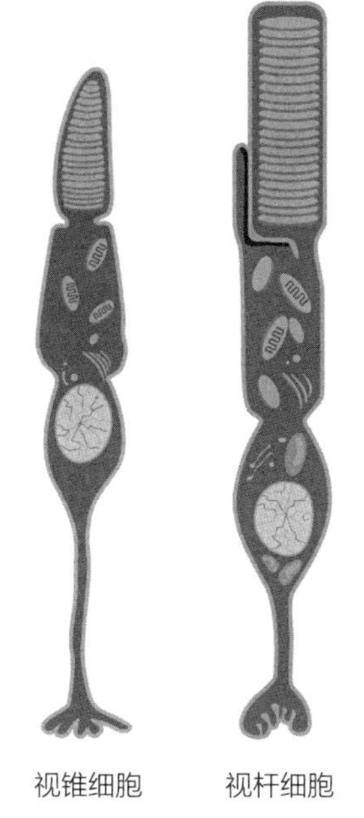

图2-2 视锥细胞和视杆细胞
（图片来源：张寅生 绘制）

键，它们大量分布在中央凹周围，和视杆细胞相反，视锥细胞在昏暗的光线下几乎不活动。虽然人类视网膜上视杆细胞与视锥细胞的比例是20：1，但是大脑近90%的信息输入却是由视锥细胞提供的。我们平均每个人有1亿2千万视杆细胞和600万视锥细胞，它们会聚成1百万条视神经的轴突[①]。

2.1.2 颜色视觉

经由上面的视觉原理，其实我们可以通过逻辑推理得出，颜色其实是人类的一种错觉。我们认为我们“看见”了“绿色”的小草，但是“绿色”作为小草的属性，其原理是光线从小草反射出来，并与我们大脑的神经元作出反应，通过相互作用而由大脑带给我们产生的一种体验。这种体验是完全主观和个人化的。

对于我们人类的视觉系统，最短的可见波长为大约350纳米（1纳米=10^{-9}米），这种最短可见波长被我们感知为紫色。更长的波长依次为蓝、黄、橙、红，波长长度直到近700纳米[②]。我们感受不到其他长度的波长，比如紫外波长，但是有些其他物种可以，比如鸟类和昆虫。一些鸟类无论雌雄，在我们看来颜色都是一样的，但是它们的雄鸟在雌鸟眼中颜色却是不同的，因为雄鸟可以反射更多的紫外线，而这部分紫外线是人眼所感受不到的。

三原色理论由英国物理学家托马斯·杨（Thomas Young 1773—1829）提出，赫尔曼·冯·亥姆霍兹（Hermann von Helmholz 1821—1894）改进。根据这个理论，我们是通过三种视锥细胞和相对反映频率来感知颜色的，每种视锥细胞对于光的不同波长，有最大的敏感性。托马斯·杨提出，我们实际上是通过比较几类感受器的活动来知觉颜色的。赫尔曼·冯·亥姆霍兹

① 詹姆斯·卡特拉. 生物心理学第10版[M]. 苏彦捷，等译. 北京：人民邮电出版社，2011：164.

② 詹姆斯·卡特拉. 生物心理学第10版[M]. 苏彦捷，等译. 北京：人民邮电出版社，2011：165.

进一步发现，人们可以把三种不同波长的光，以一定的比例混合来匹配任何的颜色。虽然我们希望在所有的位置看到所有的颜色，但是事实上，三种视锥细胞数量不同，分布不均。感知长波长和中波长的视锥细胞，比能感知短波长（蓝色）的要多。所以我们会发现，相对于蓝点，我们更容易看到红点、黄点和绿点（Roorda & Williams 1999）。在距离远的时候，蓝色甚至会被我们“看”成黑色，而其他颜色在该距离仍可见。

颜色和感觉与情绪的关系更为有趣。比如红色可以帮人建立自信或是在竞争中获胜，因为颜色会影响人的情绪和判断。而蓝色触发光敏神经节，会影响人们的生物钟等。而这些连接，是我们人类因为生存需要，迭代进化发展而来。当然，同时还有文化影响，以及个人经验的融合造成的。

2.1.3 格式塔

我们将一个正方形知觉为一个整体，而不是四根单独的直线；我们听到一首熟悉的歌，会在大脑中提取整个旋律，而非注意单个音符。这种由大脑知觉刺激的模式，被叫作“格式塔”，由德语音译过来，原词“Gestalt”也有构造的意思。大脑用刺激的原材料组成了大于各个感觉局部总和的知觉整体（Prinzmetal，1995；Rock & Palmer，1990），这就是格式塔心理学的观点。格式塔心理学认为，我们的知觉善于为我们的感觉（视觉、听觉、味觉、联觉）赋予意义，知觉是我们的大脑对于世界的解释，而非如实的再现[①]。格式塔心理学在视觉设计中被广泛使用的几大原则：相似性原则、封闭性原则、连续性原则、有序性原则、接近性原则、图片与背景关系原则。

相似性原则（图2-3），是指我们会将外表或声音、感觉相似的事物组合在一起。比如我们在足球或篮球比赛上，用相同颜色的队服，将球员分开。

封闭性原则（图2-4），我们的大脑习惯将不完整的图形视为一个整体。

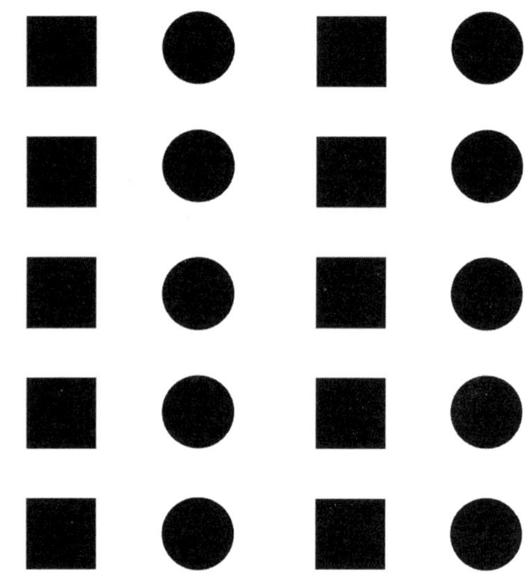
图2-3 格式塔相似性原则

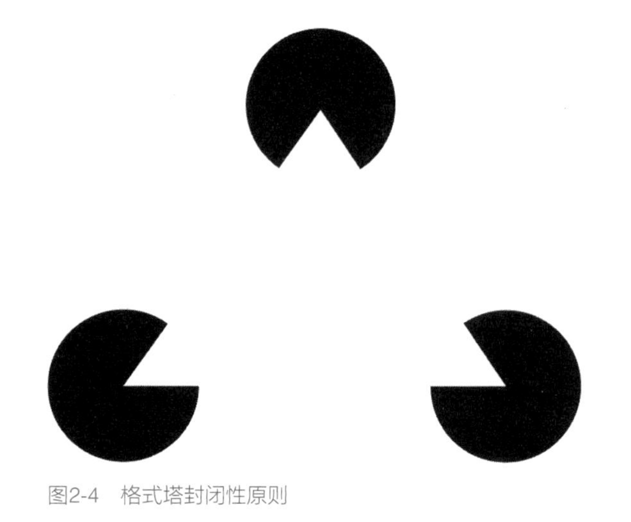
图2-4 格式塔封闭性原则

① 菲利普·津巴多. 津巴多普通心理学[M]. 北京：中国人民大学出版社，2016：111.

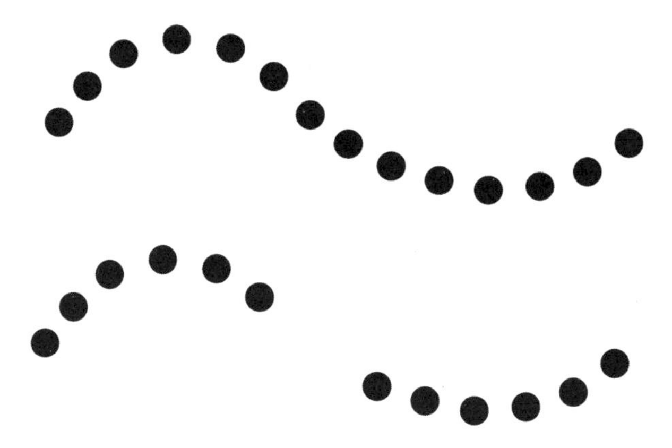
图2-5 格式塔连续性原则

图2-6 格式塔有序性原则

图2-7 格式塔接近性原则

图2-8 格式塔图片与背景关系原则

连续性原则（图2-5），我们更喜欢平滑连接和连续的图像，而非脱节的或者分开的图像。

有序性原则（图2-6），我们的眼睛会很快发现对称和秩序，这个原则可以用来迅速有效地传达信息。

接近性原则（图2-7），我们会将彼此邻近的事物归纳在一起。

图片与背景关系原则（图2-8），我们倾向于将图形看成一个物体，而将背景遮盖掉。

所有这些定律，都说明了一个总体的原则，就是完形律（格式塔原则）。“我们会尽可能地知觉最简单的模式，即需要耗费最少认知努力的知觉物。”这条原则又被称为知觉最小原则①。换种说法就是，我们经常看到我们自己预期看到的东西，而不是事物的真实面目。

2.1.4 虚拟现实（VR）、增强现实（AR）和混合现实（MR）

我们可以通过相关的设计案例，更好地理解我们的感觉器官和体验设计之间的关系。新的科技带给我们很多新的产品，比如我们经常听到的VR（Virtual Reality）即虚拟现实产品、AR（Augmented Reality）即增强现实产品和MR（Mediated Reality）混合现实技术产品。在前面

① 菲利普·津巴多．津巴多普通心理学[M]．北京：中国人民大学出版社，2016：113.

图2-9 Oculus公司的VR产品
（图片来源：www.oculus.com）

的章节，我们介绍了人类的视觉原理。我们的眼睛作为视觉感受器，有定位的功能。它可以感受到物体的空间位置，并通过神经元传递信号给大脑，再由大脑形成影像。本质上讲，VR、AR和MR这三种技术就是基于眼睛的感受原理和双眼效应，通过叠加两只眼睛得到的不同视觉信息，感知距离与深度。利用技术，对我们的“大脑”进行“欺骗”，从而让我们达到新的体验。

虚拟现实VR技术的概念，在20世纪60年代就提出了，但是直到最近几年，因为技术成本下降，才被美国硅谷大型科技公司，比如谷歌和脸书大规模投资发展。虚拟现实（VR），从它的名称我们也可以看出，这个技术就是要呈现给我们一个沉浸式的虚构“现实”世界（图2-9）。它的技术组成需要影像处理器、显示器、让眼睛聚焦的凸透镜、侦测头部方向变化的陀螺仪等。目前最初级的虚拟VR眼镜，可以通过我们自己的智能手机，加上附带透镜的纸盒外壳，就可以得以实现，比如谷歌的纸盒眼镜（Google Cardboards）。而高级的虚拟VR眼镜，在设备上还有自己的硬件处理器。高端的VR头部显示几乎全部依托外部计算机，可以给使用者更真实的感受，比如HTC和Oculus的产品。

增强现实（AR），也就是将虚拟的感官效果和真实世界相结合，把虚拟信息叠加到真实世界里，这些信息通常是通过手机或是平板等设备的屏幕显示出来（图2-10）。

混合现实技术MR，有些像VR和AR的融合，是虚拟现实技术的进一步发展。增强现实AR只是视觉信息的叠加，不能提供进一步的交互功能。而MR在虚拟和现实之间具有了可操作性，它可以实现远距离显示仿真交流和操作，远程手术指导以及远程教育，通过这项技术在未来有长足的发展（图2-11）。

Live View Beta in Google Maps

Exploring a new area and feeling lost? With Live View Beta in Google Maps, you can quickly orient yourself and know which way to go with directions overlaid right on top of your world.

* Using Live View Beta in Google Maps requires up to date Google Street View imagery and bright outdoor light. Maps and navigation may not be available at all times or in all areas. Actual conditions may differ from maps and navigation data. so review directions, follow applicable traffic laws and signs. and use common sense, Not available in India.

图2-10　谷歌的AR产品
（图片来源：https://arvr.google.com/ar/）

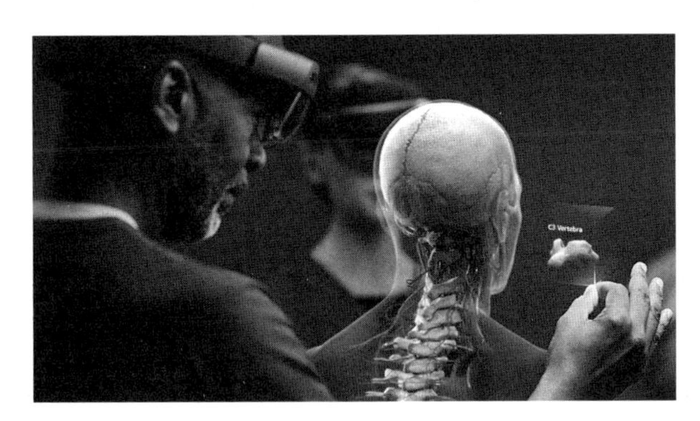

图2-11　微软的MR产品
（图片来源：https://www.microsoft.com/en-us/hololens/apps）

2.2　听觉

2.2.1　听觉基本原理

听觉和视觉一样，除了接收信息，还可以帮助我们对空间里的物体进行定位。

当我们快速振动物体（比如琴弦），就会把空气分子推来推去。由此造成的压力变化，会以声波的形式向外传递，速度大概是340米/秒。声波是空气、水或其他介质周期性压缩的产物。当一件物体掉落到地上，它会和地面产生振动，这些振动在空气中就会产生声波并且敲击耳膜。声波在振幅和频率上产生变化。所谓振幅（Amplitude）就是声波的强度。频率（Frequency）是声音每秒压缩的次数，用赫兹（Hz）衡量。人类的听觉敏感范围为最低20Hz到最高20000Hz，对于1000Hz到4000Hz的刺激最敏感，因为这个范围涵盖了我们日常交流绝大部分信息，比如正常说话的声音或是婴儿的啼哭声。

我们听觉的接收器官就是我们的耳朵。在解剖学里把耳的结构分成外耳、中耳和内耳。外耳包括耳廓（Pinna），它是由肌肉和软骨组成，在我们头部的每侧。耳廓可以通过改变声音的反射角度，帮助我们定位声音的来源。每个人的耳廓都不一样，这一原理在第六

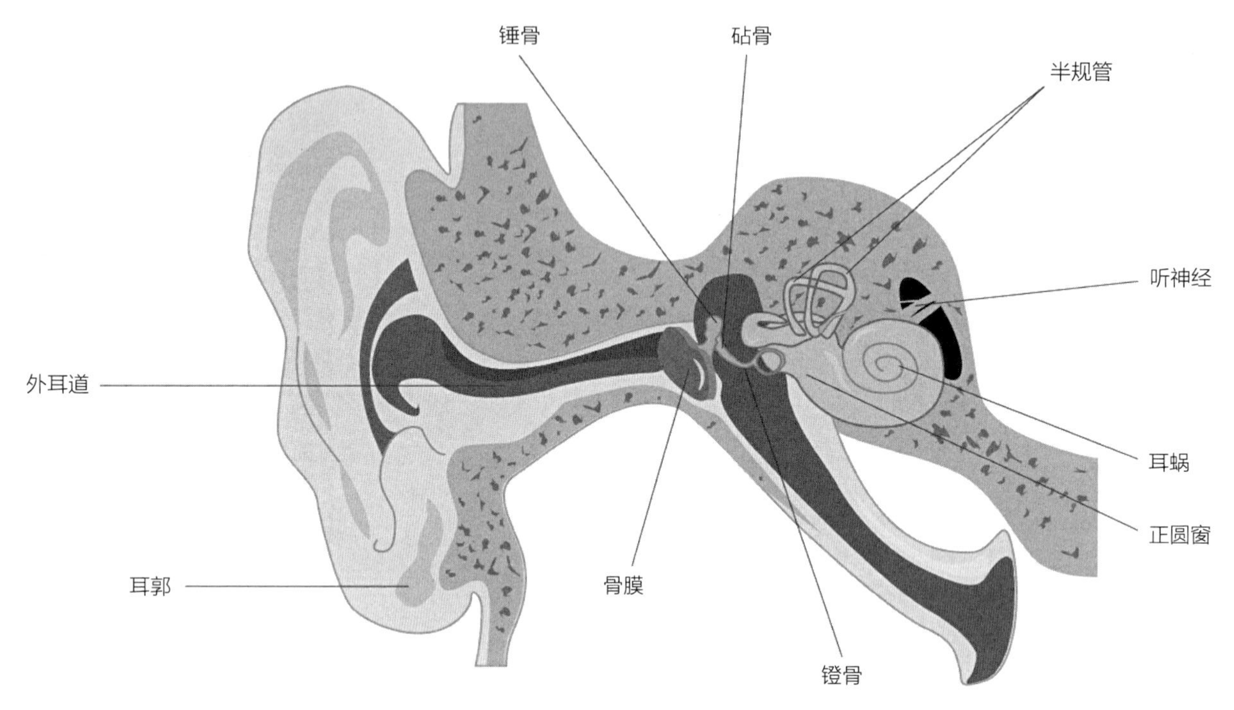

图2-12 耳的结构图
（图片来源：张寅生 绘制）

章案例索尼（sony）的360度音效所应用。当然，不光是人类有耳郭，兔子的耳郭大而且可以转动，所以它们对于声源的定位更加准确[①]。声波从耳郭进入，通过耳道之后敲击中耳的鼓膜（Tympanic Membrance），又称为耳鼓。鼓膜与声波同频振动，然后将振动传递到卵圆窗（Oval Window），振动卵同窗后面的黏液，即耳蜗中的液体。从而使毛细胞（Hair Cells）产生位移，然后激活听神经的细胞，产生电信号，通过神经传导大脑皮层，最后由大脑将声波转换为声音信息（图2-12）。

2.2.2 骨传导耳机

在前面的章节我们了解到，通常情况下，我们听到声音是通过空气传播。但是如果你仔细感受我们在吃东西的时候，尤其是吃脆的食品，可以听到牙齿咀嚼食物的声音，这个声音则是通过固体传播的。在固体中声音传播速度更快，损耗相对更低。声波通过颌骨直接传递到骨迷路，带动迷路内的淋巴液产生晃动，带动螺旋器特殊部位的共振，产生电信号，之后再通过神经传导到大脑皮层，从而产生听觉。通过这个原理，就发明了可以带给我们听觉新体验的科技产品，也就是下面介绍的骨传导耳机。

现在市场上的大部分骨传导耳机的卖点，都在运动的场景，因为它的传播方式缺少了鼓膜和听小骨的参与，所以在低频的表达上非常弱。而它的优势也很明显，减少了对鼓膜损伤，而且作为一款运动时佩戴的耳机，不影响使用者听到外界的声音，所以户外运动时安全性相对较高（图2-13）。

① 詹姆斯·卡特拉. 生物心理学[M]. 苏彦捷，等译. 北京：人民邮电出版社，2011：201.

图2-13 韶音骨传导耳机使用图
（图片来源：www.aftershokz.com.cn）

2.3 味觉和嗅觉

2.3.1 味觉

每个人的味觉体验和喜好，都是独一无二的。因为除了人类进化的普遍原则，比如避开苦味，因为含有苦味的食物可能含有毒素。我们的味觉喜好和我们每个人的个人经历，甚至从未出生时，母亲的饮食习惯都有关系。婴幼儿时期接触的食品，对个人一生的口味喜好都有影响，有些我们喜欢的味道，甚至是我们在母亲子宫中就接触到的。

味觉器官，指的是我们舌头的末端，底部和侧部被味蕾（Taste Buds）覆盖的部分（图2-14）。味蕾作为感受器，受到刺激释放神经递质以激活相邻的神经元。而我们说的食物味道，则是指味觉和嗅觉的综合感受，味觉和嗅觉汇聚到一个叫作梨状皮层的区域内，最终形成了食物的味道。

2.3.2 嗅觉

嗅觉对于哺乳动物来说，是寻找食物、伴侣以及规避危险的重要知觉。从吃饭这件事来说，嗅觉和我们上面介绍的味觉息息相关。为什么感冒时，由于鼻子闻不到气味，会影响到我们对于味道的判断，让我们吃东西没有了平时的味道？又或是当你闻到某种水果的香气，抑或是家乡传统小吃的味道，气味会勾起你相关的一段回忆？这是因为，我们不仅仅是在用味蕾品尝味道，还

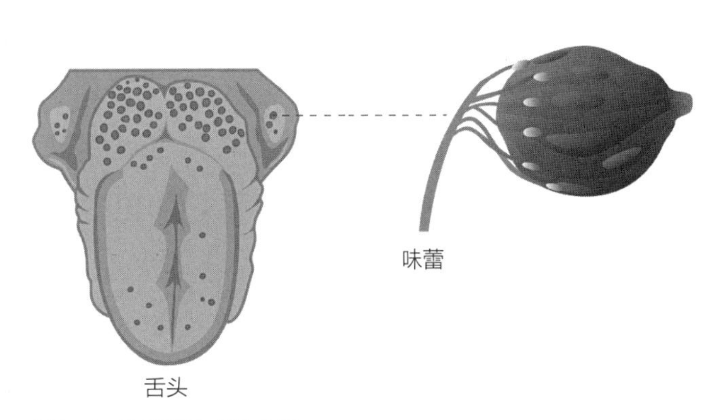

图2-14 舌头和味蕾放大图
（图片来源：张寅生 绘制）

需要气味和味道互相作用，才能让我们真正的“品尝”。原理在于我们在吃东西的时候，首先会通过嗅觉闻到食品的香气，然后我们把食物放入口中咀嚼，这时食物挥发性的化合物，就会在咀嚼的过程中被释放出来。然后在吞咽的过程中，食物的挥发物到达上颚后端，进入鼻腔。这整个过程分成两个重要的部分，一个是通过鼻孔收集气味的过程，叫作常规嗅闻；另一个是，喉咙和口腔中的嗅觉系统成为鼻后嗅觉。最终所有的信号在大脑汇集，并被大脑解构，而后大脑将这些信息送到感知味道的区域，所以味道来源于大脑，并和情感、记忆产生链接，让我们形成每个人独一无二的味道体验。

对于气味进行反应的嗅觉细胞（Olfactory Cells），位于鼻腔气通道侧面的上皮细胞层（图2-15）。每一个嗅觉细胞，都有从细胞体延伸到鼻腔气通道粘液表面的纤毛（线装树突），而我们人类的嗅觉感应器就位于纤毛上。

2.3.3 食品设计

如果我们可以吃到原汁原味的食材，摄取相同的营养。同时可以缓解全球目前的食品短缺问题，并且做到环保和保护动物。在这样的前提下，你会选择吃“人造肉”吗？随着食品工程的发展和创新，2015年意大利米兰理工正式开设食品设计专业（Food Design），并且食品设计作为一个专门的设计方向在全球范围内越来越受到重视。在食品设计领域，目前最重要的一个发展方向，就是“人造肉”。

目前有两种主要的人造肉技术，一种比较成熟的是植物造牛肉。植物中其实含有很多和肉类相同的元素，比如植物脂肪和糖。美国人造肉品牌Impossible Foods公司的创办人，美国斯坦福大学化学教授帕特里克（Parick Brown）研究发现，肉和植物最大的区别就是肉类中含有血红素。帕特里克在豆科血红素植物的根瘤中，提取豆血红蛋白，解决了这个问题。然后又通过分解植物中提取的蛋白质，重组结构，从而构造出

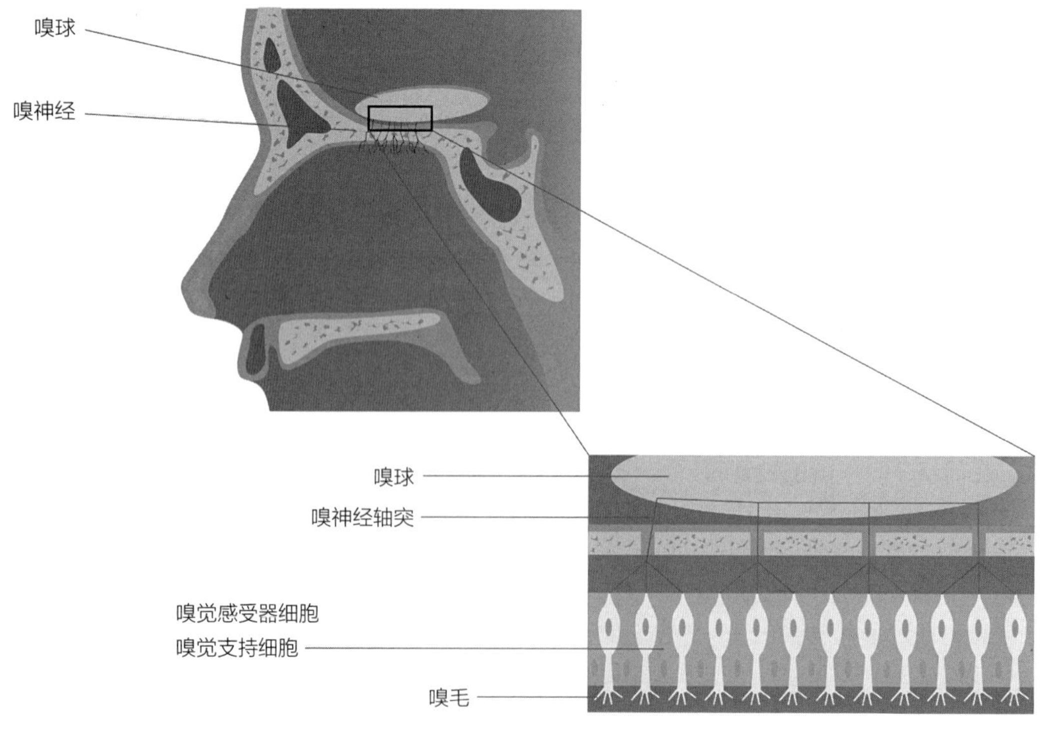

图2-15 嗅觉原理图
（图片来源：张寅生 绘制）

肉的纤维感，并且剔除了真正的肉类中不健康的胆固醇。这种植物肉做成的肉饼（图2-16），正在欧美的市场代替真正肉类做成汉堡（图2-17），而且广受欢迎。

另外一种人造肉的技术，来自哈佛的实验室。哈佛大学的生物团队，从活牛中分离出细胞，然后将其放入模拟的动物体内环境，细胞会自行形成肌肉组织，最终生成一块牛排。该成果发表在《自然》旗下的《食品科学》(《Science of Food》)期刊。

图2-16　Beyond Meat植物肉饼
（图片来源：https://www.beyondmeat.com）

图2-17　Beyond Meat植物肉汉堡
（图片来源：https://www.beyondmeat.com）

2.4　大脑和体验

前面章节的内容，介绍了人类最重要的几种感觉器官。它们都是人体的接收器，而最终让我们形成体验的重要器官，是一颗体积和葡萄柚差不多大小，重量在1.14千克左右的大脑。人类大脑是已知的最复杂的结构。我们的大脑可以运用庞大的神经回路，调节1000亿个神经元，而每个神经元又与另外10000个神经元存在联系，这些神经元控制了我们的行为，让我们产生体验、情绪和愿望[①]。

2.4.1　大脑的原理

我们的大脑调节着身体的两大通信系统，而人类所有的思想、情绪和行为的生物学基础都来源于这两大系统，即我们的神经系统和内分泌系统。其中神经系统负责快速发出指令，而内分泌系统则负责跟进。神经系统又可划分成两部分：中枢神经系统和周围神经系统（图2-18）。中枢神经系统由大脑和脊椎构成，负责“指挥”，它可以引发我们的多数行为，像电缆一样将大脑与周围感觉以及运动系统的各部分连接起来。而周围神经系统，就是将我们上述的感觉器官得到的信息传递给大脑，告诉大脑周围的景象、声音、味道、气味和质地。例如当我们在路上遇到恶犬，我们的周围神经系统就会获取视觉信息（恶犬的形象）和听觉信息（恶犬的叫声），然后传递信息给大脑，大脑进行评估作出回应，用周围信息系统传递命令，赶紧逃跑。而完成逃跑任务的还有两个重要的子系统，躯体神经系统和自主神经系统。

在这些复杂的系统中，最基础的组成部分就是神经元（图2-19），它是大脑中基本的信息加工单位。它

① 菲利普·津巴多．津巴多普通心理学[M]．北京：中国人民大学出版社，2016：40.

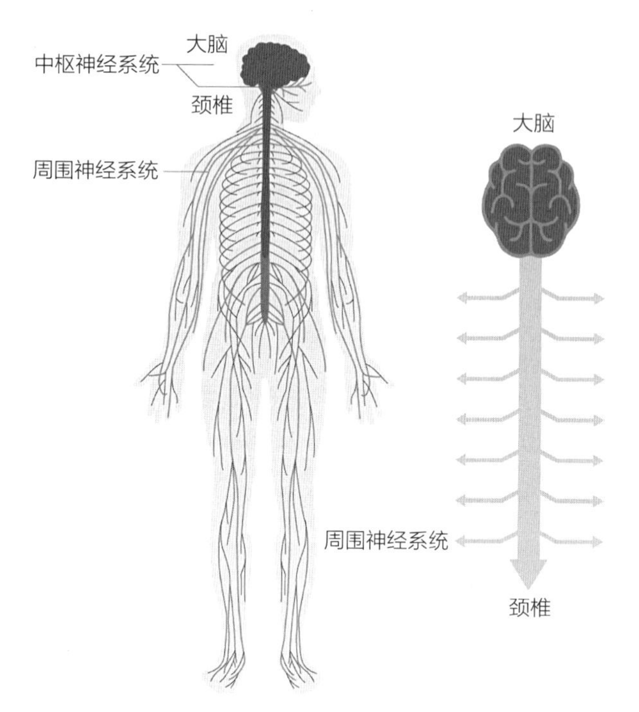

图2-18　中枢神经系统和周围神经系统
（图片来源：张寅生　绘制）

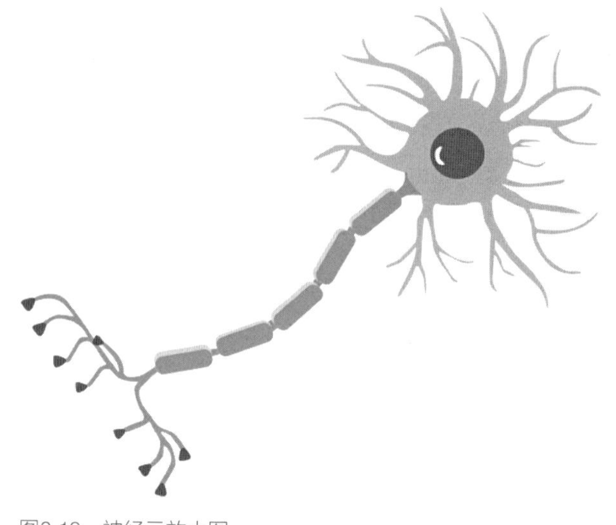
图2-19　神经元放大图
（图片来源：张寅生　绘制）

的作用如同计算机中的晶体管，负责接收、加工和向其他细胞传递信息。生物心理学家把神经元分成三大类：感觉神经元、运动神经元和中间神经元。感觉神经元负责各种感觉器官的体验信息传入大脑；运动神经元负责将信息从大脑和脊椎传递给肌肉、器官和腺体。而这两种神经元不能直接沟通，他们之间的通信需要靠中间神经元。

图2-20　Mindflex脑电波玩具
（图片来源：Mindflex Game）

2.4.2　脑电波玩具

脑电波，是用电生理指标记录大脑活动的方法。大脑在活动时，会有大量的神经元同步发生“放电”活动，脑电波仪器就是记录大脑活动时发生的电波变化。比如，在放松状态下，脑波频率以8～13Hz为主，被称为α波；专注状态下，频率会加至13～30Hz的β波。脑波玩具或是产品，都是基于这个原理设计的，首个脑电波玩具是美泰公司的Mindflex（图2-20）。当使用者佩戴上配套的耳机，集中精力之后，耳机就会接收使用者的脑电波，感应器相应作出反应。使用者的注意力越集中，脑电波越强，小球漂浮得就越高。这款产品的销售量达到400万台，是出品当年亚马逊平台玩具类销售的冠军。

人的感知系统是我们体验外部世界的载体、媒介和工具，如何利用和引导人的感知系统，使物品更好地与人相处、被人使用，是体验设计要完成的工作。在下面的章节中，我们将介绍几个较为常用的以人为中心的设计流程和方法。

第3章 体验设计流程和方法

设计流程就是将设计师的思考方法和习惯，步骤化地归纳出来。也就是如何协调设计过程中，不同元素、信息之间的关系，并逐渐把问题清晰化，同时循序渐进地找到解决方案的过程。数字信息时代，设计领域专业名词的层出不穷，学科之间的互相交互融合，让初学者在学习和认知上产生了很多迷茫。通过第一章体验和产品设计简史的介绍，我们可以看到，“以人为本”（Designing for People）的设计精神在二战之后就被亨利·德赖弗斯（Henry Dreyfuss）提出来。在以用户体验为中心的前提下，一个设计项目的结果不管是实体还是软件，从概念建构、草图绘制、草模验证、样机制作，到反复进行修正，总体的流程虽然貌似有一个范式，但是根据每个项目的偏重和核心问题的不同，总会使用到不同的方法，不能一种方法一直套用。而至今为止，设计师们从实践中总结的这些方法，其中很多方法是从社会学、心理学、经济学等其他领域的研究方法中借鉴而来。在本章中，我们就来介绍一些经常被使用到的设计流程范式和设计方法。

3.1 设计的流程

在设计的过程中，用户需求和用户体验无疑是设计中的核心线索。不同的项目会选择不同的路径，去解决问题和进行创新，各种不同的方法中也有或多或少的重合。下面我们介绍的三个设计流程模型，均是由业内比较权威的平台提出并发展。

3.1.1 双钻模型 英国设计协会

2003年英国设计委员会（British Design Council），决定用一种通用的设计模型去描述设计过程。经过不同团队的探讨和整合，最终提出了一种简化的方法来描述设计和创新过程，它就是著名的“双钻模型”。模型的“双钻”形态来源于描述整个设计流程的非线性过程。整个过程在这个模型中分成：发现（Discover）、定义（Define）、开发（Develop）、交付（Deliver）四个阶段（图3-1）。

第一颗钻石是以“发现（Discover）”开始。它从质疑开始，帮助设计者理解用户，而不是简单而主观地假设问题出在哪。这个阶段，设计师可以通过与项目相关人士交谈等方法来进行。

第二个阶段是“定义（Define）”，是确定关键问题的阶段。在这个阶段，设计者将第一个阶段发现的众多问题进行聚焦。

第二颗钻石开始是“开发（Develop）”，这个阶段鼓励人们对于明确定义的问题给出不同的答案。团队合作共同设计从不同的角度，在不同的情境下进行设计。

最后一个阶段是“交付（Deliver）”，测试不同的解决方案，并且继续改进那些可行的方案。

2019年的模型，在双钻上端的“设计原则”里，明确了以人为中心的设计原则、交流原则、合作共同创作和反复迭代共四个设计基本原则。“双钻模型”作为

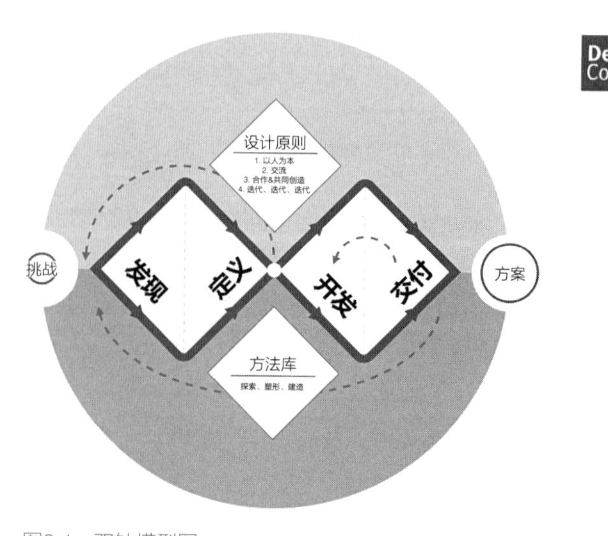

图3-1 双钻模型图
（图片来源：https://www.designcouncil.org.uk）

设计和创新流程的可视化模型，发展至今仍然是作为英国设计委员会工作的核心模型。

3.1.2 设计思维流程 斯坦福大学设计学院

美国斯坦福设计学院的设计思维流程模型，是从对用户的“移情”开始设计流程的第一步，然后定义设计问题，形成设计概念，制作原型，最后测试原型（图3-2）。

“移情（Empathize）”即用同理心了解用户，是以人为中心设计的核心。我们作为设计师试图去解决的问题，很少是我们自己的问题，一般是特定人群和用户的问题。所以理解用户，了解什么对他们是最重要的，是寻找问题解决方向的第一步。和其他设计流程模型中提出的一样，观察你的用户，参与他们的行为活动或是客观访谈，看和听，是斯坦福设计流程的开端。这一步执行的时候，它特别强调“情境”，比如在用户的家里或是工作场所和他们交谈，并尝试提出更深层次的问题。特定的情境无疑对用户有决定性的作用，是这一步中不能忽略的因素。

“定义问题（Define）”是创造正确解决方案的唯一途径，这个阶段是要理解设计者之前收集的信息。定义阶段至关重要，因为在这个阶段设计者产生了自己的观点。而好的观点可以帮助设计者在这个阶段有一个焦点，或是解决问题的范围和框架，帮助设计者抓住用户的需求。这一步的顺利完成，可以让设计人员从开发一个针对所有人都适用的，不可能的设计任务中解放出来，从而更准确地满足目标用户的需求。

“形成概念（Ideate）”并不是提出一个“正确”的想法，而是在创造广泛的可能性。在这个阶段，设计者专注于创意的产生。这里的创意，是尽可能多地推动广泛的想法，然后从中选择。而不是简单地找到一个单一的“最好”的解决方案。

“原型（Prototype）”是用于迭代的工具，用来继续思考，进行测试，以及继续学习。“原型”不能简单理解成物理模型或是样机，它可以是任何用户可以交互的东西。它可以是一墙的便利贴；可以是用来验证的，成本极低的纸模型；也可以是一个角色扮演的活动；甚至可以是一个故事板。“如果一幅画抵得上千言万语，那么原型就抵得上一千幅画”，斯坦福设计学院思维流程中，这样指出原型和人交流的重要性。而使用原型进行测试的原则，则是不要在一个单一原型上花费过多的

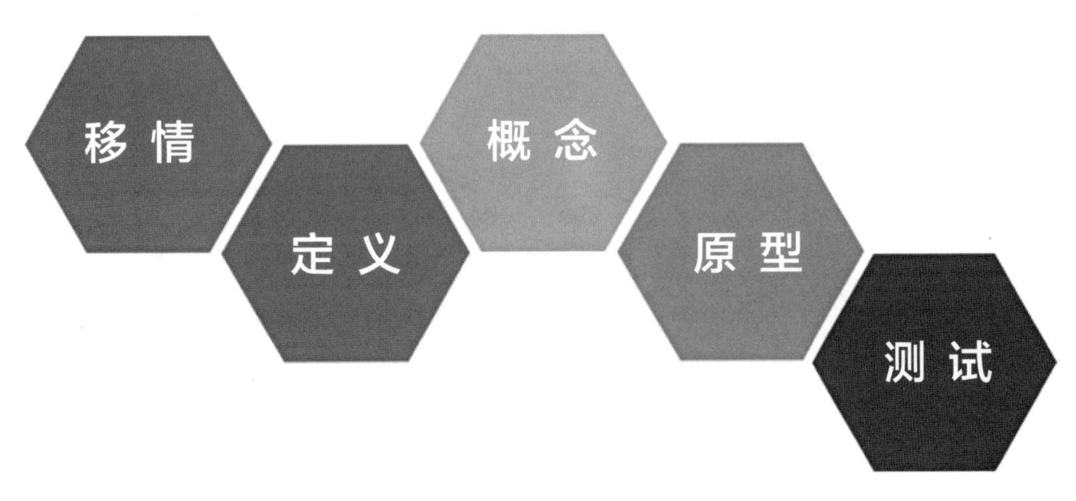

图3-2 斯坦福设计模型图
（图片来源：http://dschool.stanford.edu/）

时间，由尽量多的变量，让特定的原型回答特定的问题，以帮助设计者在这个阶段，得到有意义的反馈。

“测试（Test）”这个阶段是设计者获得用户反馈的阶段，也是了解用户，和用户进行再次移情的阶段。和最初的移情阶段不同的是，在这个阶段，设计者已经获得了基本的设计框架，并且使用原型进行过了测试。这里的测试，不是简单地询问用户是否喜欢你的解决方案，而是继续问“为什么”。通常测试是在用户真实使用的场景中，如果无法在真实场景中，则尽量创建一个接近现实的场景，并且给被测试的用户一个角色或任务，尽量还原现实的使用场景。测试阶段是改进解决方案，并让方案变得更好的阶段。

为了简单起见，斯坦福设计学院的设计思维流程模型被描述为一个简单的线性流程。但是在实际执行中，各个阶段它们的顺序可以不同，可以灵活使用。它的最终目的不是形成一套固定的流程，而是将这种设计思维渗透到设计者的工作方式中。融会贯通，并最终形成设计者自己独特的思维方法。

3.1.3 “HCD”以人为本设计流程　美国IDEO设计公司

由IDEO公司提出的“以人为本（Human-Center Design）”的设计流程方法模型，提出“人人都可以像设计师一样思考”。它甚至不是一个提供给专业设计师的方法流程，而是提供给所有立志于创新设计的人（图3-3）。

这个设计流程被IDEO发展成一本“以人为本设计”作为中心思想的工具手册。手册中简称为“HCD（Human-Center Design）”的设计过程分为：灵感（Inspiration）、构思（Ideation）、执行（Implementation）三个阶段。在第一个“灵感（Inspiration）”阶

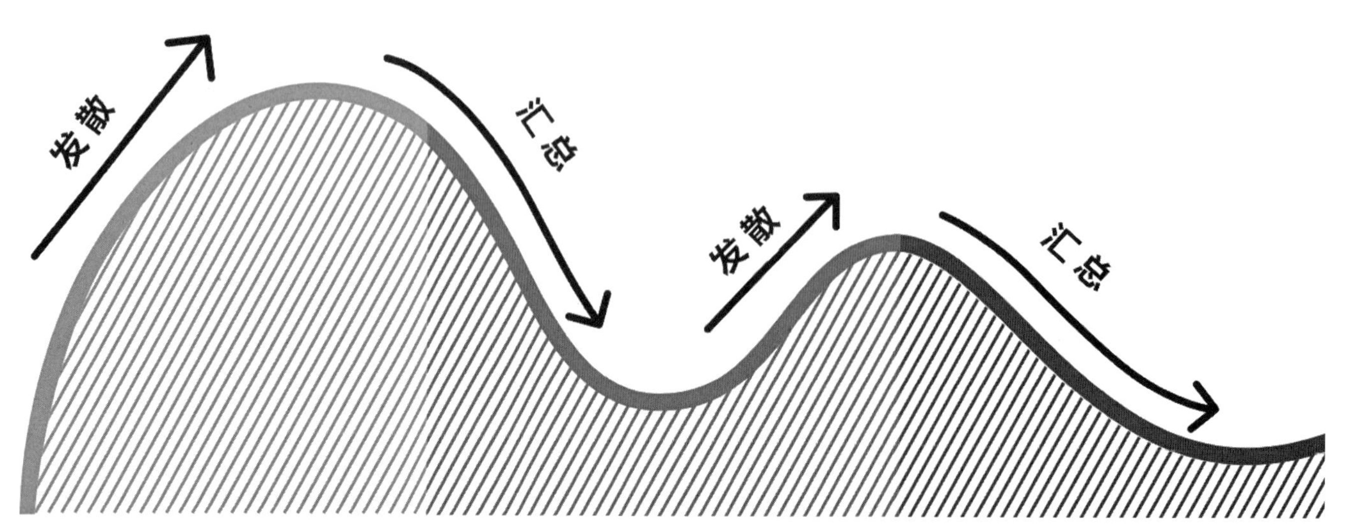

图3-3　IDEO“HCD”设计模型图
（图片来源：https://cdn.evbuc.com/）

段，设计者学习如何更好地理解他人。通过观察他人的生活，倾听他们的期望和愿望，去尝试更好地理解设计挑战的问题。在第二个阶段“构思（Ideation）”，设计者进一步去理解上一步听到和看到的一切，并且通过产生大量的想法，来识别出不同的设计机会，然后进一步测试和完善不同的解决方案。最后一步是“执行（Implementation）”，如何把想法变成现实的解决方案，并且推向市场，最大限度地扩大它在世界上的影响，是“HCD”最后一步需要解决的问题。虽然设计者可以依据“HCD”的模型依次采取这三个阶段去进行设计，然而“以人为本”的设计流程并非一个完美的线形设计流程，而是通过大量不断的想法，它们的发散和汇合，以及无数次的原型测试和迭代，不断进行尝试的反复的过程。

IDEO在“以人为本设计”的工具手册中，设计和介绍了57种不同的方法，用来解决不同的设计项目的问题。但是这些方法的执行，都是在统一的设计原则下进行，也就是“HCD设计心态”即：同理、乐观、迭代、创造的自信、制造、拥抱不确定性和从失败中学习。以这个设计心态为前提的“HCD”设计流程，不仅适用于传统产品设计项目，还适用于服务设计项目和社会/企业的策略设计项目。

在“以人为本设计”的工具手册中，还特别指出，当设计者确定了一系列的解决方案，紧接着需要的是关注技术（Tehnology）以及商业（Business）上的可行性，去寻找三者之间的平衡点，最后产生可以实现的方案（图3-4）。

3.2 设计的方法

缺少经验的设计者们最常犯的错误，就是从自身的

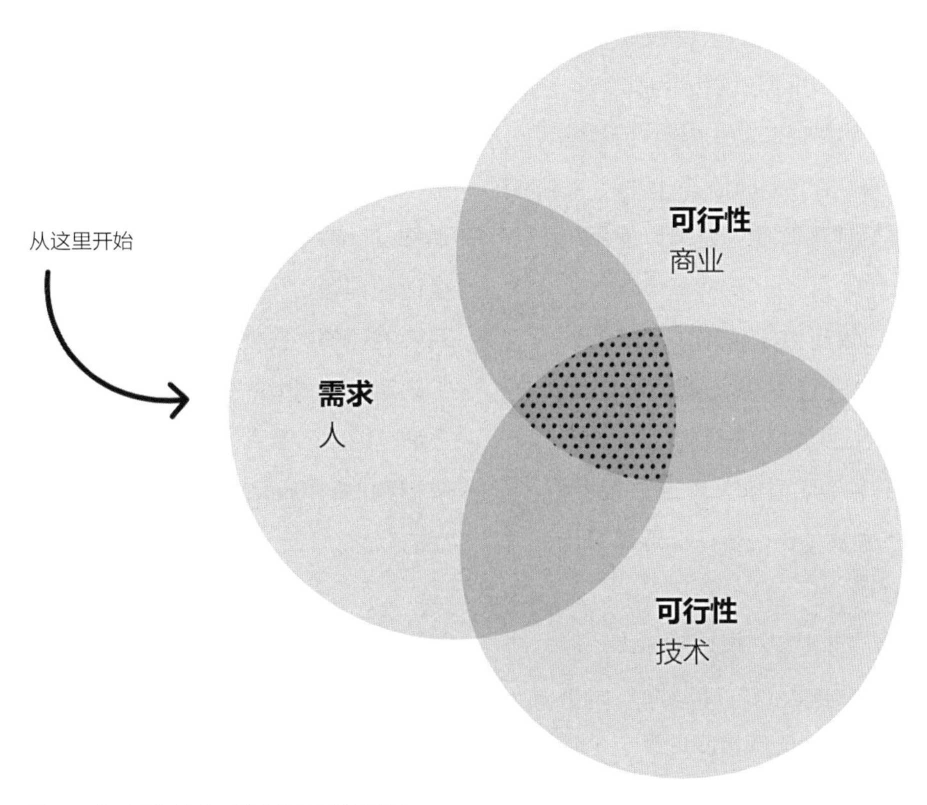

图3-4 “HCD”技术、商业和需求的平衡
（图片来源：https://cdn.evbuc.com/）

需求和理解出发，去开始一个项目的研究。设计项目的最初，搞清用户或委托组织的需求，是达成一个成功的设计结果的第一步。

传统的定量市场调研的方法，力图收集大量的数据，并试图通过大量的数据去分析和理解目标人群的行为和需求。然而体验设计是依据人类行为方式为中心进行设计，这意味着复杂的行为模式无法通过“客观”的数据来进行分析。所以社会科学家从人种学和其他学科，引用了各种定性的研究方法，用来分析和理解用户的行为模式。定性研究的作用，可以帮助设计人员更好地理解产品的使用情境和约束条件，客观识别用户和潜在用户的行为模式。并且定性研究相比定量研究，有成本低、速度快和更灵活的优势。下面我们就介绍几种设计流程中常用的定性研究方法。

3.2.1 访谈

在IDEO“以人为本设计手册”中，将访谈分为三种，分别是用户访谈、小组访谈和专家访谈。访谈的方法位于“以人为本（HCD）”设计流程的第一个阶段，即“灵感（Inspiration）”阶段，是在设计者学习如何更好地理解他人时可以使用的方法。

用户访谈，是最直接有效了解用户想法的方式。设计师们离开自己的工作空间，去到用户生活或工作的空间，倾听他们的需求和愿望，观察他们的行为和生活方式，并和他们直接交谈，这些都是“以人为中心”设计的关键（这一步在斯坦福设计流程中为“移情”的步骤）。

在使用这个方法时，IDEO对设计师给出了如下的几步建议：①参与访谈的设计团队的人员不要超过3个人，每个参加访谈的成员应该有一个明确的角色（比如采访的人、记录的人或是拍照的人）。②在提问具体相关问题之前，先询问一下被采访者的生活、价值观和喜好。③准确地记录被访者的回答，而不要去记录你理解的回答。④你所听到的只是一个方面，观察被访者的肢体语言和周围环境。如果得到许可，可以进行拍照记录。关于问题要注意的是，尽量询问开放性的问题，代替询问回答“是”或“不是”的问题。

小组访谈，可以快速了解一个社区的生活状况、动态和需求。虽然小组访谈可能无法像到用户家中进行个人访谈那样深入，但是它可以让设计师在访谈中倾听每一个人的声音。从而获得不同的意见，并且由此构成战略性的思考。在使用这个方法时，有如下的几步建议：①定义你想和哪个群体交谈，并且组织这个群体成为一个小组，以便于他们能够很好地回答问题。②在中立的情况下，共享空间内，可以对不同年龄、种族、性别的人进行访谈。③在小组访谈中，需要有一个人提问，设计团队的其他成员做笔记。④在访谈开始之前，准备一个策略，吸引小组中比较安静的成员。可以直接问他们问题，或者让群体中更有发言权的成员暂时离开一会。

专家访谈，是指某个领域的专家可以快速地向设计团队介绍主题。并且这个专家可以提供相关的历史、背景以及创新的关键见解。虽然在这个阶段，最关键的是和设计对象的交谈，但是我们仍可以通过和专家的交谈获得有价值的观点，因为他通常可以给我们一个系统的视角。在使用这个方法时，有如下的几步建议：①确定什么领域？需要一个什么样的专家？②在采访之前，给被访专家一个问题的预览，让他们可以事先准备和预估时间。③如果访问多个专家，则选择不同观点的专家。

3.2.2 观察法

如果说“访谈”是设计者听用户怎么说，那么“观察”法就是看用户怎么做。具体来讲，就是设计师研究目标用户在特定情境下的行为。如果想在毫不干预的情景下，对目标用户进行观察，需要观察者非常隐蔽。或是把研究在真实情况，抑或实验室设定的场景中对用户的反应进行观察。最好的手段是视频拍摄、拍照片和做记录，可以互为辅助手段或是同时使用。用户观察和用户访谈是可以结合使用的两种方法，从而让设计师更好地理解目标用户的思维方式。

在使用这个方法时，有如下的几步建议：①在正式进行观察前，确定研究内容、对象以及地点。确定设计规划研究的标准，比如时长和所需费用，以及主要设计规范。②如果时间允许，进行一次模拟观察。③开始正式观察前，需要和被观察者确认，是否可以进行视频或照片记录。执行前需要制作观察表格，列出观察事项。④实施进行观察后，分析数据和视频，与项目利益相关者交流，并讨论观察结果。

观察中，设计师需要保持一个开放的心态。而不是只关注事先知道的事项，应该接受更多意料之外的结果。

3.2.3 用户旅程

用户旅程，是一个在整个项目流程阶段，都可以使用的方法。它能够帮助设计师了解用户在使用某个产品或服务时，各个阶段的体验感受。让设计师在设计产品和服务时，尤其在设计前期，发现可能存在的一些不容易发现的接触点。使用用户旅程（图3-5）的方法，可以辅助设计师以一个客观的立场，思考复杂的客户体验过程，从而找出问题并且进行设计和开发。

在使用这个方法时，有如下的几步建议：①有理

时间	活动行为	物品（需收纳）
8:30AM	拿上公文包出门	公文包
8:50AM	公司楼下星巴克买早点、咖啡	咖啡杯
9:00AM | |	刷完门禁，走进办公室 挂好公文包、把工作证放进收纳盒 比较展板上的方案、标记更佳方案	工作证 公文包、收纳盒 展板、标记笔区
9:10AM |	整理、发布今天团队的任务 查看日历计划、打开任务文件袋	\ 日历、文件袋
9:30AM |	办公,查阅分析设计趋势 记录、画画草图构思	电脑、文件、 电脑架、纸、笔、尺
11:00AM |	客户约面谈、查看团队进展、聊天 备注见面时间、抽烟休息	\ 备忘贴、烟灰缸
11:30AM	午餐时间	\
12:40AM |	办公室午休 打开蓝牙音响放歌休息	\ 音响
1:20PM	闹钟响起、整理仪表	\
1:30PM	与客户商讨、递上名片	名片
3:25PM	送走客户，记录保存要求	文件纸袋
3:30PM	进行团队产品定位讨论	\
5:30PM |	完成团队定位、记录保存方案 将方案贴在展板关键重点区	\ 图钉\磁铁、展板
5:35PM	整理办公桌	办公桌收纳

行为描述	阶段
将工作证放进桌子上的收纳盒里， 公文包里的电脑文件拿出来列在桌上， 公文包挂在桌边，打开电源	放好物品
喝着咖啡、斟酌着展板上贴着的草图， 拿起收纳盒里的标记笔画上记号	审查草图
查看日历标记的计划， 打开查看文件袋，发布任务	发布任务
打开了电脑、平板，查阅者产品资料信息， 绘图、测量、记录产品	查录资料
挂了电话之后顺手点上一根烟， 在备忘贴写上“下午1:30客户见面”	约见客户
打开了音响，午休	饭后休息
给客户递上一张名片， 将客户的要求和想法记录文件夹，档案保存	商讨项目
讨论草图结果记录保存， 定在展板的关键区上	保存结果
带上工作牌，关闭插线板， 整理桌面，文件放进了公文包中	整理桌面

图3-5 关于办公收纳的用户旅程
（图片来源：吴悔《模块化办公桌收纳》毕业设计前期分析）

由的选择合适的目标客户，并且进行详细描述。然后以用户的角度，来标注产品被使用的全过程。②如果把用户使用产品的每一个步骤作为横轴标注，那么使用过程中的所有问题可以作为纵轴。③最后标注用户和产品的接触点。④运用跨界整合知识，来回答流程中出现的问题。

因为设计目标是要改进用户体验，所以在用户旅程中应该多关注"用户想要什么"作为核心问题，而不是"用户需要用什么"。

3.2.4 生态设计战略轮

不管是"以人为本"或是以"体验为中心"进行设计，并不应该是以人类无尽的欲望和商业增长为核心。恰恰相反，如果我们把人类的体验看为一个整体，现在我们的设计比任何时候都更需要将生态设计作为必要的原则，在设计流程中加以重视和考虑。使用生态设计战略轮（Eco-design Strategy Wheel）这个方法，是为了将产品对环境的负面影响降到最低。它可以在设计流程的初期，在设计师已经具有基本概念时使用。生态设计战略轮可以提供八个指标，辅助设计师对产品进行系统地评估。这八个指标分别是：开发新概念、选择对环境影响小的材料、减少材料的使用量、优化生产技术、优化分销系统、降低产品在使用阶段对环境的影响、优化产品初始生命、优化报废系统。

具体评价标准如图3-6所示。

设计师在概念生成阶段，将需要分析的产品想法、设计概念或现有的产品，置于生态设计战略轮上进行系统评分。即可根据指标轴，考虑设计的优化方案如何进行。尤其是评分较低的指标轴，或是对环境负面影响最大的因素。这个方法的局限性，或是迷惑之处在于，它呈现的是设计师个人对于数据的理解，是依据定性研究得出的数据。所以图标显示并非完全客观，改善的方法是在前期或后期结合其他相关的生态设计方法一起使用。

生态设计战略轮，并不是一个只关注技术层面解决问题的方法。如何设计才能使产品引导用户以及其行为，让用户关注能源效率、产品生命周期以及产品报废回收手段，这些用户心理层面的解决方案，也属于它要解决的问题。

3.2.5 故事板

故事板，是一种快速高效的低分辨率原型。故事板用来视觉化设计师的想法和概念。它是一种可以直观呈现富有感染力和情节说明的视觉化方法，可以让观者对于产品和用户的交互使用过程一目了然[①]。

在使用这个方法时，有如下的几步建议：①确定下来需要视觉化的概念想法、情境以及使用用户。明确想要传达的信息，可以展示产品使用概念的哪一部分，主要想传达的中心思想是什么？②用尽量短的时间绘制大纲草图，确定时间轴。将主要信息视觉化展示后，再添加细节。③最终完整故事板。可以添加文字或注释作为补充说明，表达需要有层次，故事不要平铺直叙，可以采用漫画或拼贴等多种形式完成原型。

故事板是一个很有帮助，展示起来也很有意思的方法。设计者可以在使用这个方法时，就像导演或是摄影师，思考镜头以及分镜头构图一样，去思考故事板的展示顺序和视觉效果。如果可以，也可在后期把故事板做成短视频。由于故事板展示的独特性，在设计流程的每个阶段，都可以作为项目团队成员与目标用户之间有效沟通与测试的工具（图3-7）。

---

① 荷兰代尔夫特理工大学工业设计工程学院. 设计方法与策略 代尔夫特设计指南[M]. 倪裕伟，译. 武汉：华中科技大学出版社，2014：101.

生态设计战略轮

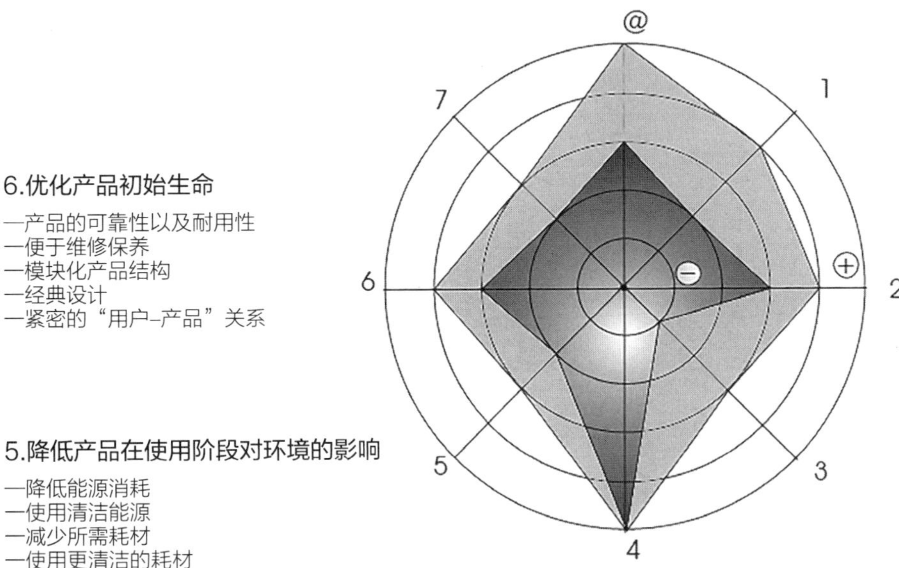

@开发新概念

—产品非实物化
—产品共享使用
—产品功能整合
—产品（或零部件）功能优化

产品零部件层面/材料和零部件的生产供应

1.选择对环境影响小的材料

—清洁材料
—可再生材料
—低含能材料
—循环使用的材料
—可回收的材料

2.减少材料使用量

—重量减轻
—体积减小（主要针对产品运输）

产品结构层面/内部生产

3.优化生产技术

—替代生产技术
—减少生产环节
—降低能源消耗或使用更清洁的能源
—减少生产废料
—减少（或使用更清洁的）生产耗材

产品结构层面/产品分销

4.优化分销系统

—减少包装，使用更清洁或可重复利用的包装
—更节能高效的运输模式
—更节能高效的物流

5.降低产品在使用阶段对环境的影响

—降低能源消耗
—使用清洁能源
—减少所需耗材
—使用更清洁的耗材
—无能源或耗材浪费

6.优化产品初始生命

—产品的可靠性以及耐用性
—便于维修保养
—模块化产品结构
—经典设计
—紧密的"用户–产品"关系

7.优化报废系统

—产品（或零件）再利用
—产品再制造或产品再加工
—材料回收
—安全焚烧

图3-6 生态设计战略轮
（图片来源：BREZET，Han，et al. Ecodesign：a promising approach to sustainable production and consumption. UNEP，1997 https://life-future-project.eu/）

图3-7 故事板
（图片来源：宋青怡《人体红外测温仪设计》）

3.2.6 角色扮演

如果故事板是一种导演或摄影师视角的转换，那角色扮演中的设计师就像舞台剧中的演员。与真正的表演不同的是，表演并非该活动的目的，身临其境的体验目标用户的生活场景才是目的。因为设计师不可能是所有你所开发产品的受众。通过角色扮演的方法，除了可以让设计师体验到目标用户的使用情境，还可以帮助设计师模拟使用产品的整个交互行为流程。根据一些项目的需求，还可以通过穿着和佩戴特殊道具（比如增加重量和限制），让设计师体验最真实的用户感受。角色扮演的过程可以用照片和视频记录（图3-8）。

设计流程与方法并没有完全固定的模式，它只是根据实际的工作经验，分析总结得出的相对成体系的路径和原则。每个设计师都应该有适合自己的思考方式和工作方法，不应墨守成规，也不必特立独行，所谓设计风格其实就是不同设计师的思维方式和工作方法的体现。

图3-8　角色扮演
（图片来源：李思维　拍摄）

第4章

体验设计的未来

设计始终应该将眼光放在未来以及未知的领域，与解决当下的实际问题相比，设计的责任更加体现在对于未来人类生活方式的展望与引导。“我们从哪里来？我们要到哪里去？我们存在的意义是什么？”这几个最简单却又实质的关于人类的终极问题，科学、哲学甚至宗教都未给出一个答案。其中“我们要到哪里去”，事关人类未来的走向，也是最被关注的问题。而设计作为以未来为时间导向的综合性跨学科专业，虽然在不同的项目里涉及的时间跨度不同，但是趋向一致。在技术飞速发展的今天，我们的基因里仍存留着原始社会的记忆。技术和人性的完美融合，一直是试图设计未来体验的设计师们所追求的目标。

4.1 “聪明”的产品和“愚蠢”的使用者?

在这个日新月异的信息时代，迅速迭代的技术让产品越来越“聪明”。如果越来越多的“智能”产品，被设计成为逐渐脱离人类的认知和既有的经验。作为使用者的我们通过这些“卓越”的产品，体验到的是使用的简单便利？还是无法操控的无力感？是产品太“聪明”了？还是我们变“愚蠢”了？

在技术和认知两者之间，我们始终需要一个平衡点。

4.1.1 未来有多远?

未来，并非一个终点，而是一个尚未达到的时间点。

在被人类定义的时间象限里，“未来”如何划分？在20世纪，我们将可以用逻辑推导所预见的未来，即10年或20年之后的未来称之为“可预见的未来”；而一般的研究人员和技术专家也无法推断的未来，即50年后的未来，称之为“不可预见的未来”。对于这个不可预见的时间象限中的未来，可能发生的事情，大多属于科幻小说家或是科幻电影的编剧们。几个世纪以前，人类的知识传播和增长都相对缓慢，政治经济也没有太多变化。而今，随着科技发展，互联网让新的知识和信息加速传播发展，导致我们很难像以前一样，可以用逻辑推断未来或预测未来，也就导致今天“可预见的未来”的时间象限越来越短（图4-1）。

具体说“可预见的未来”，是人类社会近期的将来，是目前正在发生和发展中的问题，这些问题也是全球性议题。这些议题的重要性，不仅仅关乎我们作为使用者的个人体验，而是事关整个人类的未来体验。在2015年9月，联合国成立七十周年，各国国家元

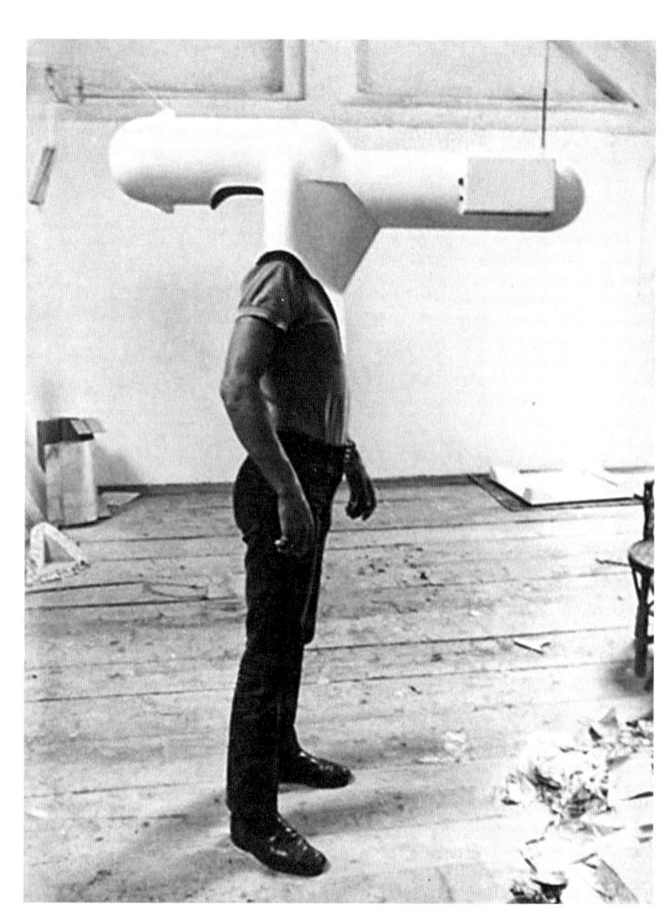

图4-1 1967年Wlter Pichler的“未来”的电视头盔
（图片来源：https://www.designboom.com/ Anthony Dunne & Fiona Raby《Speculative Everthing: Design, Fiction, and Social Dreaming》第7页）

图4-2　2015～2030年全新的全球可持续发展目标

首、政府首脑和高级代表，就在纽约联合国总部制定了2015～2030年全新的全球可持续发展目标（图4-2）。其中包括17个可持续发展目标和169个具体目标，涉及包括可持续发展的三个方面：经济、社会和环境。或许对于一些此刻正处于生死边缘，或正经历贫困的个人而言，气候变化的问题不能直接影响他此刻焦虑的体验。但是，最终气候变化可以让整个孟买贫民窑完全无法住人，让地中海掀起巨大的难民潮，并让全球医疗保健陷入危机[1]。全球的重大变革和个人层面的体验之间，存在这种大的关联。我们在探讨未来的体验时，不应只是聚焦个体的主观体验，而是把眼光提升到整个人类的共同体验命题。

而“不可预见的未来”能让人想象力飞扬，比如2014年拍摄的经典科幻电影《星际穿越》。电影讲述了未来为了拯救人类而探索太空的故事，基于目前的物理理论，影片针对虫洞和时间旅行做了大胆的想象。虽然其中有很多令人惊奇的想象，但它不同于不切实际的幻想，仍然基于以现在为基点的，飞速发展的科学和技术知识。其中和人类宇航员一起进行星际探索的智能机器人塔斯（图4-3），在剧中被设计得像一个可以行走的双开门电冰箱。它只有一个液晶屏幕，虽然没有表情，但是被设置了75幽默值的塔斯给观众留下了深刻的印象。甚至在电影上映后，塔斯还开设了“自己”的社交账号。而它“奇怪”的结构，也在片中拯救宇航员的一幕中也给出了理由，这个简单的重叠矩形结构给了塔斯在飞速运行时保持平衡的能力，也让塔斯可以适应不同的复杂地形。

4.1.2　越来越“聪明”的产品

人类因为使用工具，而产生新的生活方式。250万年前的石斧，让人类拥有胜过野兽的“利爪”。25

① 尤瓦尔·赫拉利. 今日简史：人类命运大议题[M]. 林俊宏，译. 北京：中信出版社，2018：6.

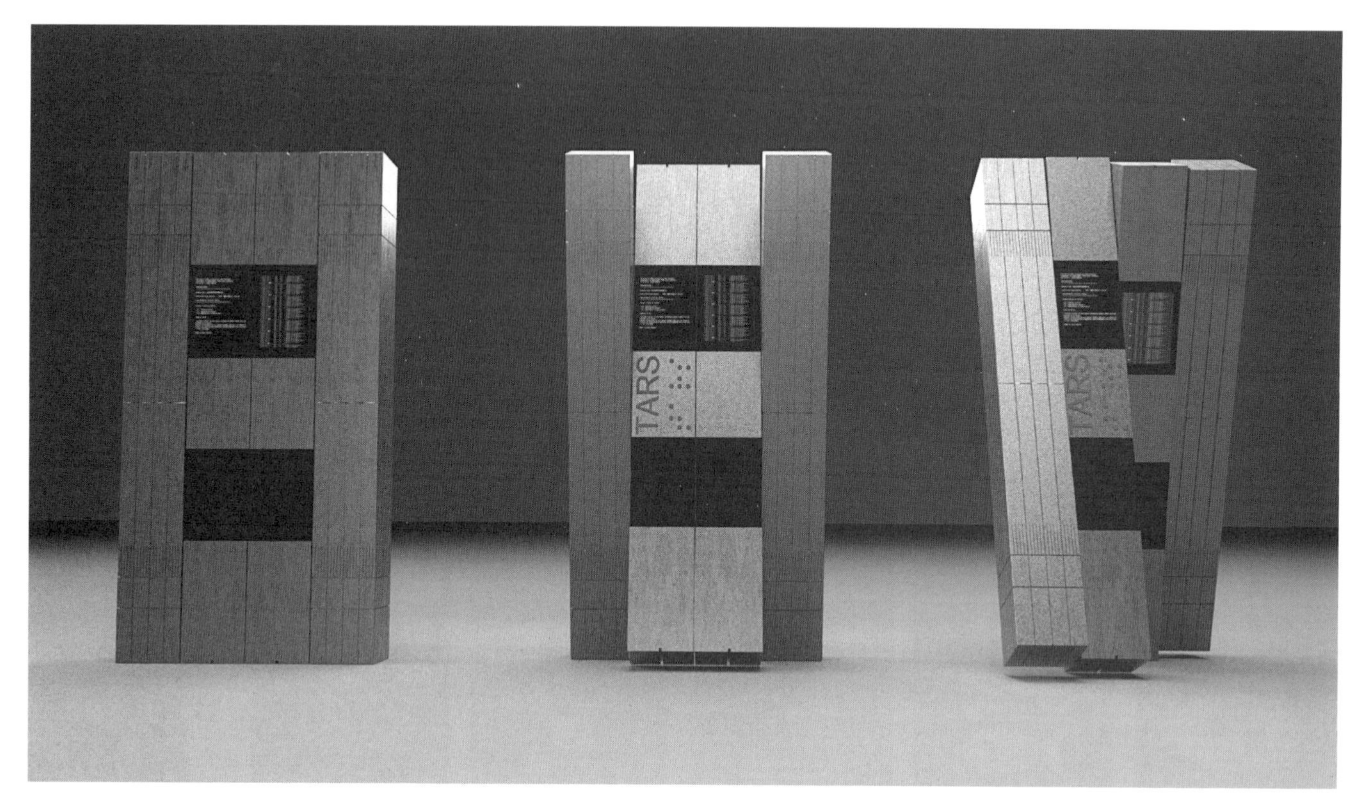

图4-3 《星际穿越》中的智能机器人塔斯
（图片来源：www.artstation.comartwork1na8dG作者Arjun Viswanath）

万年前，对火的使用和原始的烹饪技术，让食物更好消化，从而人类的大脑得以进化，这些工具的使用标志了人类文明的开始。凯文·凯利（Kevin Kelly）在他的书中曾有一段对于工具型产品诗意的描写，“不管是谁，如果曾把设计完美的工具拿在手里，就应该明白了那种它甚至能提升你的灵魂的感觉。飞机延伸了我的视野，书本开启了我的心灵，抗生素救了我的命，摄影引发了我的沉思。[①]”工业革命带来了产品大生产的时代，这些产品延伸了我们的自身的能力，让我们的生活前所未有的丰富。而接下来的信息技术革命将世界数字化，科学和技术将人类引领向一个万物感知、万物互联、万物智能的世界，产品变得越来越“聪明”。

“巴别鱼耳塞”是经典科幻电影《银河系漫游指南》中的一条小黄鱼（图4-4），它能够连接大脑，自动翻译银河系里的任何语言。“巴别”的典

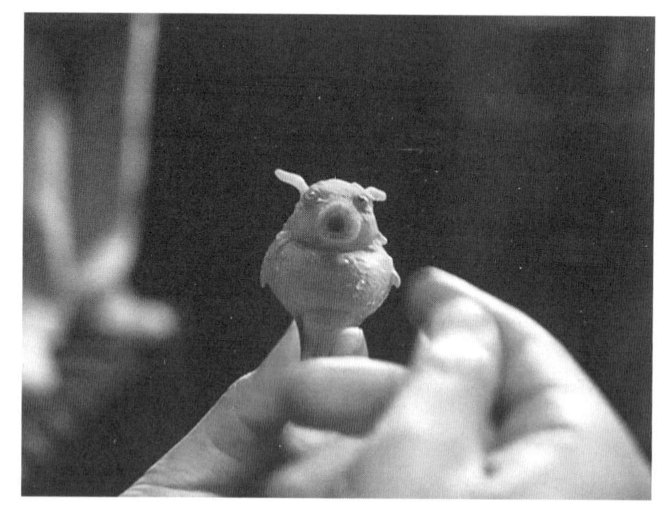

图4-4 巴别鱼耳塞
（图片来源：电影《银河旅行指南》）

① 凯文·凯利. 科技想要什么[M]. 严丽娟，译. 北京：电子工业出版社，2016：7.

故来自《圣经·旧约·创世纪》第十一章，其中记载的故事是关于人类联合起来，希望能兴建通往天堂的高塔“巴别塔”。为了阻止人类的计划，上帝让人类说不同的语言，使人类不能沟通，造成了人类计划的失败。虽然目前而言，银河系的旅游还过于遥远，但是针对全球200个国家7000多种语言，如果有“巴别鱼”翻译器，还是能解决很多问题。像“巴别鱼”一样实时翻译的耳塞，全球很多公司如谷歌Google（图4-5）、慕尼黑的Bragi、美国纽约的Waverly Labs和我国的科大讯飞、百度、搜狗等公司，都在积极投入到智能语音和翻译的软硬件业务中。相信不久的将来，不同语言的沟通将不再是人类“巴别塔”的障碍。

“Hi！ Siri”已经成为大家都熟悉的一句问候语。但是它不是用于和人打招呼，而是和我们的苹果手机交流。你可以设定一个男声或女生，作为你的“Siri”的声音，他/她可以回答你很多设定好的问题，或是帮你拨打电话。作为一个智能软件助手，Siri并不仅仅是收集或是整理信息，而是开创了一个新的交互方式，带来新的使用体验。亚当·奇亚（Adam Cheyer）作为Siri之父，是这样描述Siri的：“Siri是一个处理引擎，而不只是一个搜索引擎。”在我们逐渐习惯和Siri聊天时，可能并没有意识到，Siri作为一个人工智能的雏形已经被我们日益接受和习惯（图4-6）。

Kinect是微软开发的一款动作感应器，最早应用于Xbox家用游戏机。通过Kinect可以让用户通过语音和手势来操控游戏机的系统界面，可以捕捉用户的动作，通过身体运动进行游戏，改变了必须通过控制器来操控游戏的交互方式。Kinect作为游戏设备出现，但是它的意义却不仅仅于家庭游戏机领域，它也带来了人机交互中的新体验——体感和手势操作界面。更为重要的是，Kinect在2011年售价只要500美元左右，现在的价格则更为低廉。这样的售价，让它在发布之后，迅速成为机器人研究专家、高校研究人员、多媒体视觉艺术家和极客们的狂热追捧。可以实时捕获三维图像的Kinect，为更多的新概念提供了实现技术的可能性（图4-7）。

通过这些“聪明”的产品，我们可以看到，科技在迅速升级迭代。而这无止境的升级，除了让我们的生活越来越便利之外。也让我们每个人都像一个“菜鸟”一样，在现在和未来，永远面临被科技“淘汰”的可能性。

图4-5　谷歌翻译耳机Pixel Buds

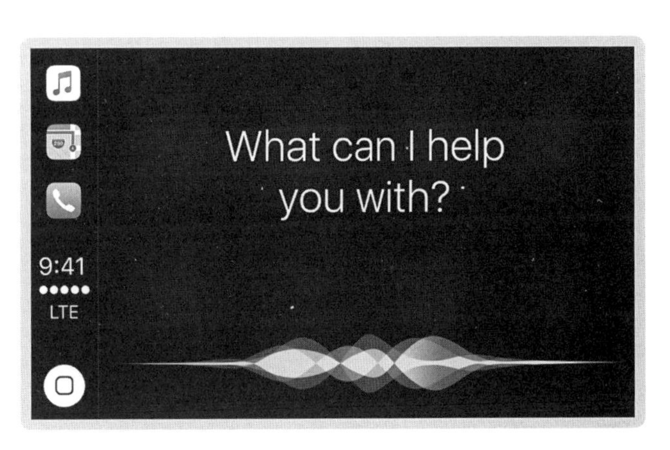

图4-6　处理引擎Siri
（图片来源：https://developer.apple.com/）

图4-7　体感交互作品“Future You”Universal Everything工作室
（图片来源：https://www.universaleverything.com/）

图4-8　唐纳德·A·诺曼《设计心理学　日常的设计》英文版封面图

4.1.3 “愚蠢”的使用者

当我们需要不断地学习新的知识，才能使用新购买的产品时。又或是，当我们使用“高科技”产品不断出错的时候。这些新产品给我们带来的是便利？还是随着失控而来的自我否定？如果一件产品让我们感觉自己“愚蠢”，甚至导致我们犯错，我们可以放弃购买和使用这件产品。但是，如果这件“产品”是你唯一可以使用的订票系统，或是考试注册页面，抑或决定生死的医疗系统界面，遇到这种避无可避，带有不可替代性的“产品”时，我们这些“愚蠢”的使用者们又该如何是好？

唐纳德·A·诺曼（Donald Arthur Norman）在2016年增订版《设计心理学　日常的设计》（图4-8）的自序中写道：“从这本书第一版发行，到现在（2016年）已经过去25年，其间科技发展日新月异。我写这本书的时候，无论是手机还是互联网都还没有如此普及。当时，家庭网络还闻所未闻。按照摩尔定律，电脑的处理速度每两年就翻一倍，这意味着现在的电脑速度是此书最初撰写时的5000倍。”他在书的增订版中，决定尽量不选取特定公司的案例，因为在25年间，没有人可以预见新技术的涌现或是特定公司的沉浮。而他在书的自序中说道：“人类心理学的基本理论不变，这也意味着基于心理学，基于人类认知的本质、情感、行为，以及与外部世界互动的设计理论不会改变。①”所以在我们设计新的产品和体验时，如果不顾及人类的生理和心理特征，而只侧重于新技术的使用时，违背了最本质的设计原则。如果不以人的体验为出发点，不以人的使用和体验为考量，便不能称之为产品。

设计师是科技的守门人，在科技影响人类生活之路上发挥着重要作用②。十年前，当我的朋友在德国柏林买了新车的时候，他是那么信任车里的导航系统。直到没有自动更新，也没有明显提醒更新信息的导航，把他

① 唐纳德·A·诺曼．设计心理学　日常的设计[M]．北京：中信出版社，2016，10：6

②（美）乔纳森·沙里亚特，（加）辛西娅·萨瓦德·索西耶．设计的陷阱[M]．过燕雯，译．北京：人民邮电出版社，2019：8.

带进了一个死胡同，让他费尽心力才找到出路。更为严重的例子，则不止于一些日常的麻烦，或是钱财上的损失。在乔纳森・沙里亚特和辛西娅・萨瓦德・索西耶的著作《设计的陷阱》，开篇就介绍了美国真实发生的一个案例。一个女孩被诊断患了癌症，需要接受一种强效药物的治疗。这种疗法需要在用药的前期和后期有三天的静脉水化。给药后，护士将信息输入医疗软件中，进行记录、追踪和干预。但是女孩在接受药物治疗的第二天，因为中毒脱水死亡。护士遗漏了水化信息。是什么导致经验丰富的护士犯下如此严重的错误？经过调查，发现很多医院都在使用的医疗系统的软件界面，存在严重的问题。信息过于密集的界面，导致用户无法快速地看到重要信息。过于纷杂的颜色，不但不能突出重要信息，还会造成注意力分散。缺少特殊处理的界面，导致信息遗漏。可以说，是因为软件界面的信息量，设计得超出了护士的认知能力，导致了悲剧的发生。

作为一个“愚蠢”的用户，也许我们需要的只是安抚自己内心的挫败感。但是如果设计者愚蠢，只是遵从技术、企业和商业的需求，而非从用户的需求出发，那设计就变得既危险又可悲。

4.2 未来体验原则SNC：S简单、N自然、C平静

几年前，某个屏幕制造商制作了一部关于未来生活的宣传片。在他们预想的未来里，早上闹钟响起，窗子玻璃会按照闹钟预定的时间自动转换为透光状态。卧室里的大屏幕电视作为可触屏，可以显示新闻和信息。当人们醒来洗漱时，浴室镜子显示出当天的天气、新闻以及手机中的未读短信。宣传片女主人公在洗漱之余，还可以在镜面上快速回复工作短信；而男主人公则一边给全家人准备早餐，一边浏览新闻视频；孩子们一大早运动回来，第一件事是在电冰箱上浏览和制作照片。然后等待早餐的孩子们接到了奶奶的视频，视频界面从手机转移到餐桌上，因为未来的餐桌也是一个可触摸式的大屏幕。之后的镜头转移到未来的工作领域，办公桌也毫无意外地变成了可触摸大屏幕。除此之外的公共环境和消费场所里，也毫无例外地充满了大屏幕。

今天，充斥了屏幕的生活还未出现，但是通知、提醒和眼花缭乱却又不知真假的新闻信息，已经在今天充满了我们的生活。尽管我们可能并不记得今天处理了什么重要的社交事项，但是社交软件一直不停地通知，让你回复不同朋友发来的问候和闲聊信息。不知不觉中，占用了用户一天中大多数的时光。如果未来不仅仅是手机屏幕，而是在我们的生活或工作的环境里，都充满了各种大小尺寸的屏幕和无尽的信息。这样的环境，还能否让我们保持专注的工作和生活？技术如何融入生活，才能带给人们更好的体验？如何让技术带给我们更多便利，而不是干扰？我想这里有三个基本原则，就是简单（Simple）、自然（Natural）和平静（Calm）。

很多人都会同意“简单”（Simple）带给我们舒适和美感，但是同时也会有人担忧，设计中过于“简单”会不会导致“简陋”、空洞或是低品质感。在体验设计中，很多优良的品质是可以隐藏在“简单”里的。比如丹麦的高端音响B&O的设计，它的产品大多很“简单”，外形轻薄，操控清晰。但是在使用时，用户会看到它采用了高品质的材质和表面处理，操控它的遥控器时（图4-9），会发现它轻薄简单，但是很有重量感，这个刻意为之的细节，是为了向用户传递它高品质的信息。B&O产品背后的逻辑是，他们从未把设计焦点单纯放在声音的品质上，产品核心更非音响的外观，而是专注于“放松”，只需好好享受[①]。让用户通过产品，

①（美）前田约翰. 简单法则[M]. 张凌燕，译. 北京：机械工业出版社，2014：113.

图4-9 B&O的遥控器
（图片来源：https://www.bang-olufsen.com/）

图4-10 苹果笔记本的呼吸灯

体验到一种理想的舒缓状态，让声音和影像逐步进入视听，却不对用户做出侵扰。

我们走在路上，风吹过树枝，树叶落在地上，对面跑来的流浪猫和身后快速驶过的滑板少年……声音能够告诉我们事物的空间位置，同样能揭示出它们自身的材质和活动。甚至静止的物体也会为我们的听觉体验作出贡献，声音以被环境结构反射和重新塑造的形式带给我们空间和位置的感觉①。这一切都是如此自动和自然地完成，以至于我们常常忽略了对于自然感知的敏感和适应。而我们大多都有在办公室或公共场所，被默认手机铃声惊扰的经历；或是开车在拥堵地段，被身后的车辆不断鸣笛提醒，却搞不清缘由。从自然中学习的设计，往往能给我们提供舒适的交互体验，一个比较著名的设计案例是苹果笔记本的呼吸灯（图4-10）。利用激光打孔工艺让休眠的笔记本电脑可以通过半透明的灯光“呼吸”，这个设计细节曾让人惊艳。这种不进行侵扰的“提醒”方式，不仅自然（Natural），还可以让人体验到平静。

在谈论“平静”原则之前，我们先来介绍一下施乐帕克（XeroPARC）研究中心。它是现代最重要的计算机相关技术研究机构之一，由美国施乐公司所成立的。施乐帕克研究中心成立于1970年，坐落在加州帕罗奥图（Palo Alto）市的山坡上，山下则是世界知名的斯坦福大学。施乐帕克研究中心之所以成为信息时代不可不提的一个圣地，是因为它不仅仅是众多现代信息技术产品的诞生地，比如个人电脑和图形界面，而且施乐帕克早期集结了众多具有划时代理念的信息科学家和研究者。其中1995年由马克·韦泽和约翰·西利·布朗通过论文，提出了“平静技术”的理念。这个对于技术影响人类行为和幸福感的研究，关乎人类社会的走向，近几年由人类学的专家Amber Case重新提出并扩展，通过她的著作《交互的未来》和演讲在世界各地引起了广泛的探讨。“我们将会越来越多地遭遇诸如丧失能动性、安全、隐私等问题，更不要说陷入带宽危机了。没有人愿意未来总是要去持续升级一个不用的程序，也没有人愿意总是中止自己的工作去等待技术自我修复。②”技术的发展无限，但人类却是有限的。我们

① 唐纳德·A·诺曼．未来产品的设计[M]．刘松涛，译．北京：电子工业出版社，2009：53.

② Amber Case．交互的未来[M]．蒋文干，刘文仪，余声稳，王李，译．北京：人民邮电出版社，2017：前言.

如何面对未来无处不在的“智能”产品？如何处理这些产品带来的纷杂的信息？平静（calm）技术的指导原则指出：“编码要少而不能多，系统要简单而不能复杂，产品要能世代相传而不能频繁地被淘汰。[①]”这意味着，设计师作为技术的守门人，在投身于信息产品的浪潮前，或许需要更多平静地思考。

4.3 未来的实验室

面向未来，并不是不切实际的痴人说梦，而是追求理想和责任感的体现。面向未来的无委托型的研究项目，在高校和研究机构中最得以发展。20世纪中期的包豪斯，无疑可以称为工业革命推动下的“未来”实验室。而它的功绩，对于设计体系以及物质世界的推动，我们在今天有目共睹。进入信息时代，也有一些著名的艺术院校和综合大学的设计学科，研究方向一直将目光放向未来，以实验的态度进行探索。

4.3.1 A/B宣言

A/B宣言[②]（图4-11）是英国皇家艺术学院的教授，安东尼·邓恩（Anthony Dunne）和菲奥娜·雷比（Fiona Raby）创立和提出的。A所指的，是广义的设计特点及其属性，B则是邓恩和雷比二人，带领他们的团队所做的设计项目的特点和属性。

在表格B中，代表着设计中新的可能性和新维度，或者说是一种以思辨为核心的世界观。如果说VR、AR和脑电技术的发展，这些新技术带领我们进入了一个更为绚丽的未来，那么A/B宣言的重要作用，就是让我们思考和探讨这个未来的合理

A/B. Dunne & Raby

A	B
肯定的	批判的
解决问题	发现问题
提供答案	提出问题
为量产而设计	为争论而设计
设计即流程	设计即方法
为行业服务	为社会服务
虚构的功能	功能的虚构
说明世界是怎样的	说明世界可能是怎样的
让世界变得更适合我们	让我们更适合世界
科学的虚构	社会的虚构
未来	平行世界
“现实”的真实	非“现实”的真实
产品叙事	消费叙事
应用	暗示
有趣	幽默
创新	激进
概念的设计	概念化设计
消费者	公民
让我们购买	让我们思考
人机工程学	修辞学
用户友好型	伦理道德
步骤程序	作者身份

图4-11 A/B宣言
（图片来源：安东尼·邓恩和菲奥娜·雷比《思辨一切》）

性。人类的大脑皮层为我们带来了理性思考的能力，让我们有了可以计划和展望未来的能力。作为生物的人类对于舒适和享乐的欲望，让我们的商业快速推进出无数使生活更为便利的产品。这些新产品不断地让我们的感官更愉悦，让我们的生活更便捷。设计总是乐观的，因为一直以来我们的产品设计都是关乎对于用户“解决问题”；关乎对于商家提高销量，而产生更高的利润；或是对新的技术的推进使用；还有很多时候仅仅关乎审美问题的解决。但是随着近些年全球出现了巨大的环境问

① Amber Case. 交互的未来[M]. 蒋文干，刘文仪，余声稳，王李，译. 北京：人民邮电出版社，2017：16.

②（英）安东尼·邓恩，菲奥娜·雷比. 思辨一切[M]. 张黎，译. 南京：江苏凤凰美术出版集团，2017：20.

题：水资源短缺和污染、去塑化、气候问题、贫穷和饥饿等，这些问题也需要设计师们的共同关注和积极参与。

关注体验设计的未来，并非要求设计师们想去预测未来，而是让设计成为帮助我们思考关于未来生活的工具。这种探讨的方式，我们在科幻电影中经常见到，比如英国连续剧集《黑镜》，或是美国电视剧《西部世界》，都是假设技术不加约束地发展，可能带来的极端后果。A/B宣言所要关注的，就是未来的合理性，并且用设计作为媒介，去思考和讨论这个合理性。邓恩和雷比的早期作品“所有的机器人”（图4-12），就使用道具的设计语言，尝试探讨“机器人”和人互动的各种可能性。他们尝试用抽象化的形式，去探讨未来“机器人”的功能和“情绪”，以及与人交流互动的新形式。整个项目更多地体现了他们对于未来家用机器人和人交互方式的思考。

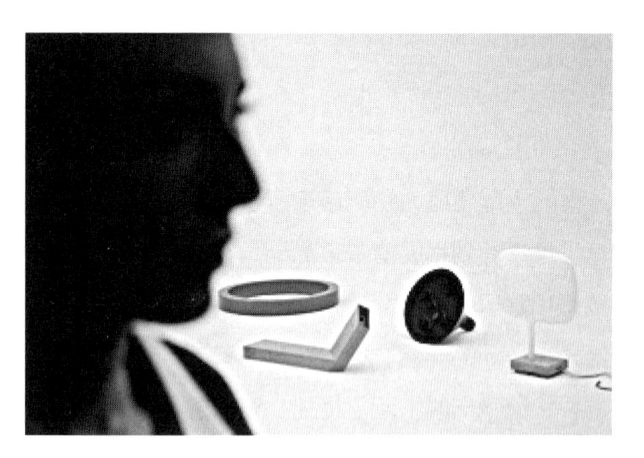

图4-12　所有的机器人
（图片来源：Anthony Dunne & Fiona Raby《Speculative Everthing：Design，Fiction，and Social Dreaming》）

4.3.2　埃因霍温的实验

埃因霍温（Eindhoven）是荷兰第五大城市，位于荷兰南部。埃因霍温是荷兰最古老的城市之一，又以高科技和尖端设计而著名。1891年开始，飞利浦就以埃因霍温为基地，进行创新和研发。随后它成为了欧洲科技创新的集中地，吸引了一批科技创新公司在此发展。20世纪90年代末，飞利浦将总部转移到阿姆斯特丹后，空闲出的大量办公区和厂房成为了青年艺术家和设计师的试验厂。而被2003年的《纽约时报》称为“世界上最好的设计学院”的埃因霍温设计学院（Design Academy Eindhoven）自1947年诞生就坐落在这座城市。

1970年开始埃因霍温设计学院开始面向全世界招生，20世纪80年代中期，它开始将传统的设计学科分类改变成“以人为本的”的学科分类，本科的学科分类如下：人和健康（Man and Well-being），人和娱乐（Man and Leisure），人和沟通（Man and Communication），公共领域和私人领域（Public Private），人和活动（Man and Activity），人和通讯（Man and Mobility），人和身份定义（Man and Identity）以及几年前开设的食品设计专业（Food non Food）。像埃因霍温设计学院的学科设置一样，这里注重“概念”多过“解决问题”，对于这个更加着眼于未来时间象限的学院，他们更在意的是学生在项目中提出了什么问题。尤其相对于本科偏重于基础实践和制作，研究生阶段更多偏重于概念的思考和故事的讲述。和传统的设计教学相比，埃因霍温更看重产品和人、和环境，以及组成产品的各个要素（材料、工艺等）之间的关系。

埃因霍温是一所着眼于讨论未来的设计学院，以新开设食品设计专业（Food non Food）为例，这个专业的主教授玛丽亚·沃格尔赞格（Marije Vogelzang）是荷兰著名的食品设计师。她在采访中说道：“新的技术趋势非常有意思，但是更重要的是，谁是驾驭技术背后的力量。我们关于食物的文化也在发展，我们如何理解食物真正的价值，这将真正决定未来的面貌……只考虑如何健康的饮食，只是很有局限的一部分。食物通过人类的感官丰富了我们的生活，以及我们如何对待仪式，如何对待生活，食物是非常

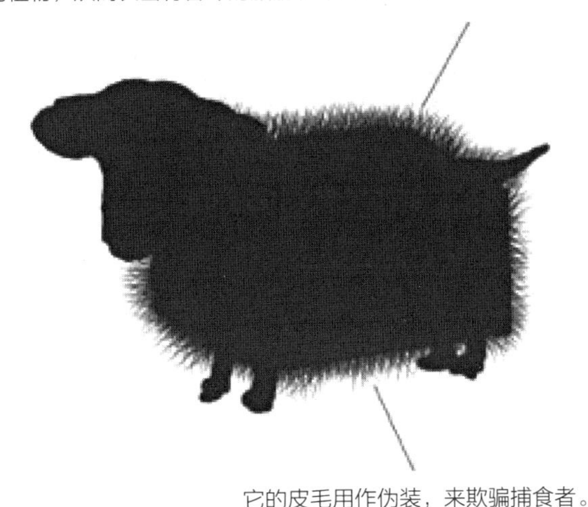

图4-13　Herbast
（图片来源：https://marijevogelzang.nl/portfolio_page/faked-meat/）

重要的角色。”她设计的假肉（Faked Meat）项目（图4-13）旨在探讨人口快速增长的前提下，人类无法维持往常的吃肉的方式。蛋白质豆类素食产品在西方大量替代真肉，设计成“汉堡”“鱼类”“肉沫”的样子。玛丽亚教授提出，为什么不能“发明”新的动物，来作为无定形大豆蛋白的载体？所以她设计了“蓬提（Ponti）”“哈伯斯特（Herbast）”等一系列幻想中的动物，设计范围包括这些动物的栖息地，生活方式以及饮食方式。让这些因素来影响“肉”的设计和口味。对类似于“假肉”这样问题的关注、讨论和通过设计进行表达，也反映了埃因霍温设计学院的教育核心，是对于全球未来问题的关注和设计师的责任感。

4.3.3　麻省理工“魔法学院”

如果说埃因霍温设计学院的作品，多是艺术家和设计师们的反思和质疑，那么美国麻省理工媒体实验室（MIT Media Lab）里科学、技术和创新思维所融合产生的项目，就像现实世界的“魔法”。由尼葛洛·庞帝（Nicholas Negroponte）在1985年创立的媒体实验室在创立之初，聚集了麻省理工学院各个与主流研究人员们格格不入的“个性”教授们。他们大多有着不同于主流的研究方向，常被认为脱离现实。媒体实验室为这些教授提供了一个更为自由的环境，去实验他们想做的事情。而这种多学科交叉跨领域的特点，作为媒体实验室最重要的基因被延续至今。媒体实验室的前主任伊藤穰一（Joi Ito）是这样阐述实验室的理念：“我认为最重要的是，我们在创造一个新的设计思维方式。我们不做其他人在做的事情，我们寻找现有学科之间，或是超越现有学科领域的机会。我认为，当我们进入这个非常复杂的世界，所有的事情都互相连接到了一起。这对富有创造力的人很重要，也是实验室的基因。我认为，它比出现任何特定的技术都更重要。”没有特定方向的研究和“反学科”的工作特点成为了MIT媒体实验室最有意思的特性。

在MIT媒体实验室的项目研究之初以及之后的整个过程，研究人员都需要不断反问“是否提出了正确的问题”。因为他们的研究，很多是没有特定的研究方向和传统的课题限制的，研究人员有自由决定自己研究方向的权利。在媒体实验室，你可以看到，一位在17岁就失去双腿的教授，致力于消灭人类世界的残疾；有的教授致力于研究如何让人们一生都保持孩童时的好奇心；还有的教授研究新的物质介质，希望能“孕育自然”。虽然研究人员在这里有很强的灵活性，但是实验室还有一个重要的原则，就是“要么把想法做出样本，要不要开展这个项目（Demo or die）”。也正是因这个原则，让MIT实验室从组建开始，有无数的研究成果成功地完成了技术转化，其中很多已被商业化并为大众所熟知。比如，20世纪70年代就开始研究，不断迭代更新的触屏技术；20世纪末的电子纸技术；乐高机器人（Mindstorms）系列；2000年开始研究的机器人型假肢；2004年研究开发的Scratch简易图形化编程工具；2005年大热的电子游戏吉他英雄；以及现在仍在不断迭代开发的可穿戴设备和汽车自动驾驶系统。

除了上述转换成商业成果的项目，MIT媒体实验室最为吸引人的，无疑是涉及未来技术发展方向的探索型项目。其中内里·奥克斯曼（Neri Oxman）教授和她所研究的物质生态学（Material Ecology），以及她的“孕育自然”（Mothering Nature）研究方向在近几年广受关注。有着医学和建筑学习背景的内里·奥克斯曼教授有她自己独特的世界观，在她的世界里，工程与生物学相融合，机器与生物体相统一。流浪者（Wanderers）项目是一系列经过计算机算法生成的，生物3D打印可穿戴设备（图4-14）。项目的背景是人

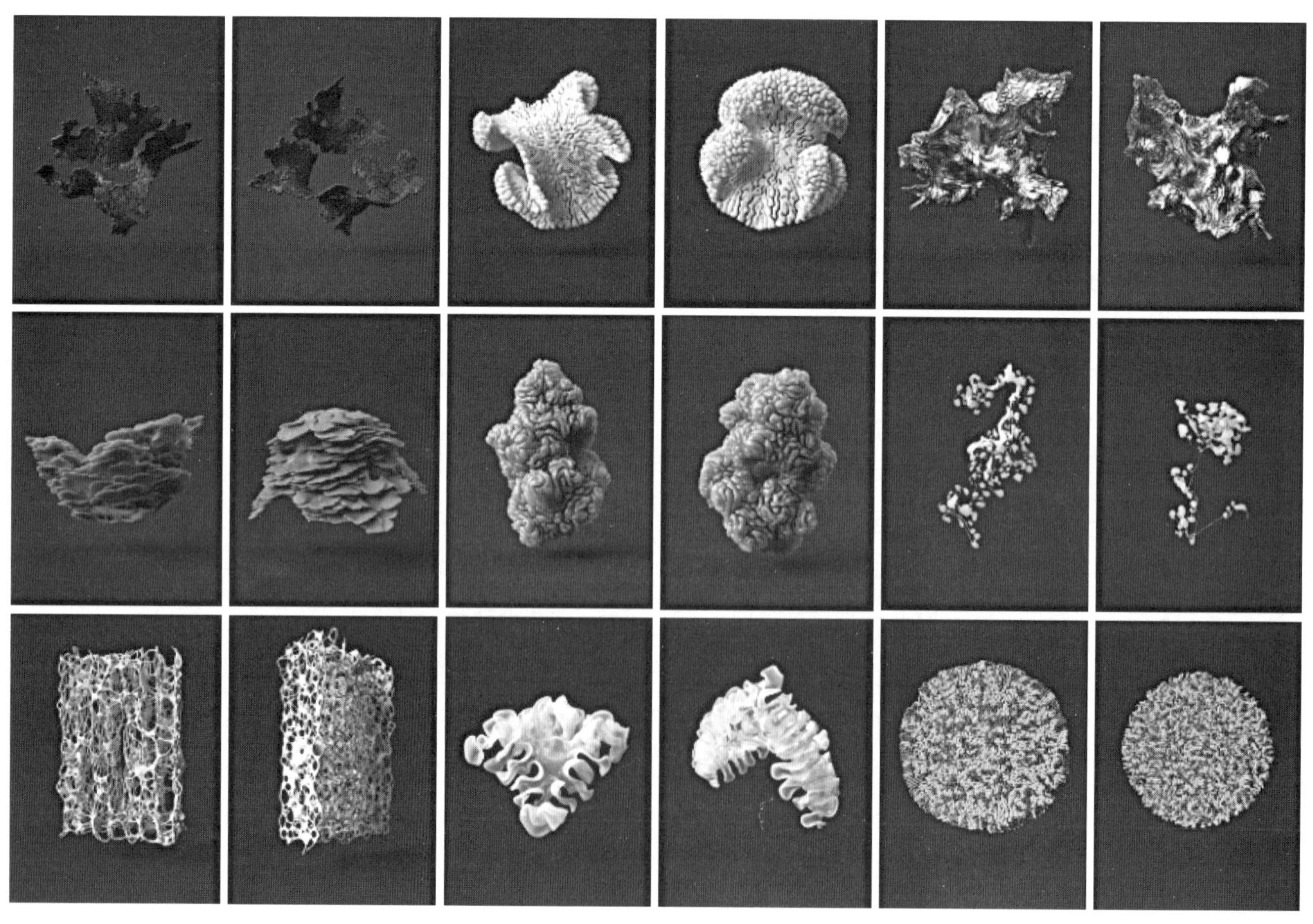

图4-14　计算机算法生成的生物3D打印可穿戴设备
（图片来源：https://www.behance.net/gallery/21605971/Wanderers）

类在探索太阳系其他星球时，在星际旅程中面对极端的生存环境，如何将新的元素转化为可以支持生命的经典元素的大胆的探索。设计者尝试让蓝藻和大肠杆菌相遇，让它们在人体外部通过光合作用，自行生长形成微生物群（图4-15）。

内里·奥克斯斯曼教授和她的团队，同其他MIT媒体实验室的先锋们一样，试图跨域和融合信息化计算、增材制造技术、材料工程以及生物科学的界限，给未来扩展一个全新的方向。设计作为连接技术与人的桥梁，如何协调二者的关系，是每个设计师都应思考的问题。技术的进步不应源于人类的贪婪，而人也不应成为技术的附庸。

图4-15 流浪者可穿戴设备方案之一
（图片来源：https://www.behance.net/gallery/21605971/Wanderers）

第5章

设计实例
——关于体验的实验

本章通过列举实际案例，介绍了在不同领域关于以“体验”为中心产品设计的尝试，它们在电子产品、软件、公共设施等领域，通过不同的媒介，实验不同维度的感受体验。这些实例有一些是中国学生在国外院校的设计项目，有一些是企业中的实际项目。它们虽然来自不同的领域，媒介也不同，但都是以人的“体验”为中心进行的设计实践。

图5-1 样机模型照片
（图片来源：赵禹舜 拍摄）

5.1 电子产品 个性化音乐盒

“DiceTwo”是一个体验式音乐盒（图5-1），是赵禹舜2019年在德国萨尔艺术学院学习时，由教授艾瑞克·德根哈特（Eric Degenhart）指导的一个项目。这组音乐盒的设计目的，是为了提供给用户更加直观的操作体验。产品由一个大立方体和一个小立方体组成。小立方体的每一个平面都设定为一个音乐播放列表，而每个播放列表由用户根据音乐风格，或不同的心情自行定义；大立方体用来控制播放、暂停和音量调节功能。

5.1.1 音乐盒使用流程

1. 小立方体是用来定义和选择播放列表（图5-2）。小立方体每个平面上的图标，用来表示不同的音乐风格或心情。

2. 通过转动大立方体来改变音量（图5-3）。

3. 通过倾斜大立方体，实现播放上一首或下一首的功能（图5-4）。

4. 通过向左右两个方向翻转大立方体，实现开始播放和暂停功能（图5-5）。

5.1.2 音乐盒技术原理

音乐盒的功能通过Arduino控制板、RFID读取器、RFID芯片、陀螺仪、压力传感器、声音传感器等实现（图5-6～图5-9）。

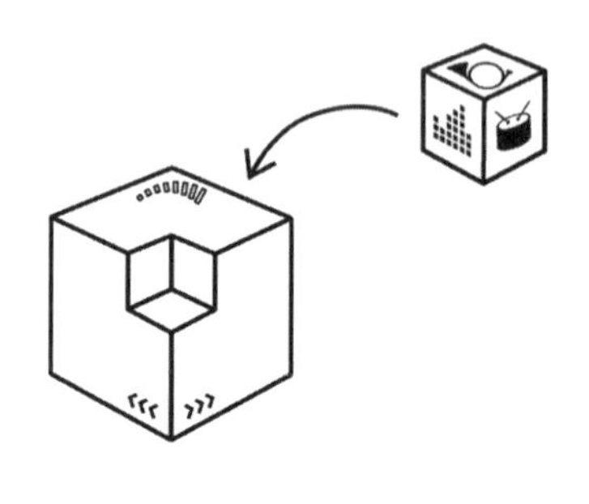

每一个小骰子有六个面，每一面都是一张专辑。

也就是说，你可以根据不同的音乐风格或不同的听歌时间个性化定制六个音乐列表。

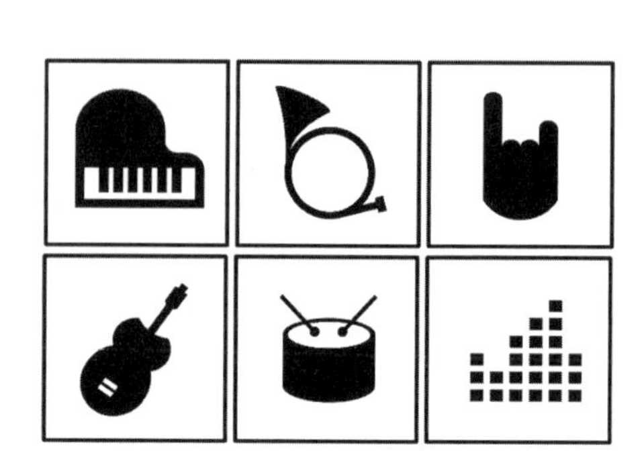

图5-2 小立方体使用说明图
（图片来源：赵禹舜 绘制）

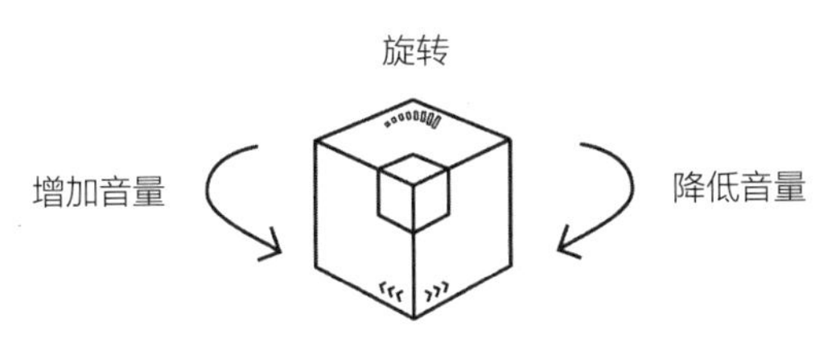

图5-3 大立方体转动使用说明图
（图片来源：赵禹舜 绘制）

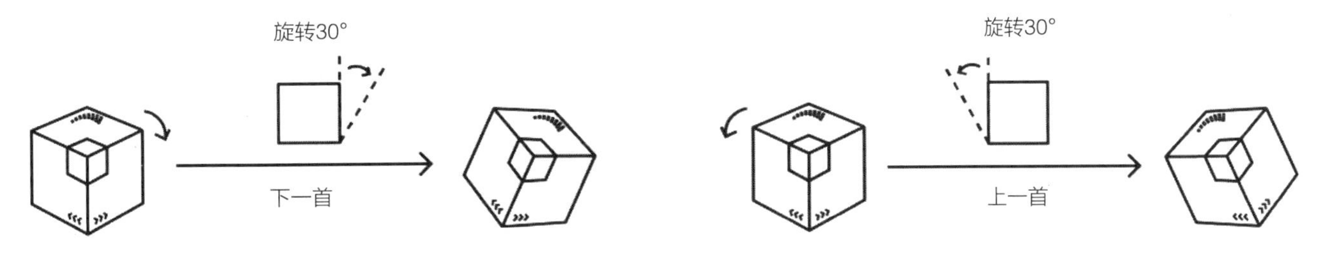

图5-4 大立方体倾斜使用说明图
（图片来源：赵禹舜 绘制）

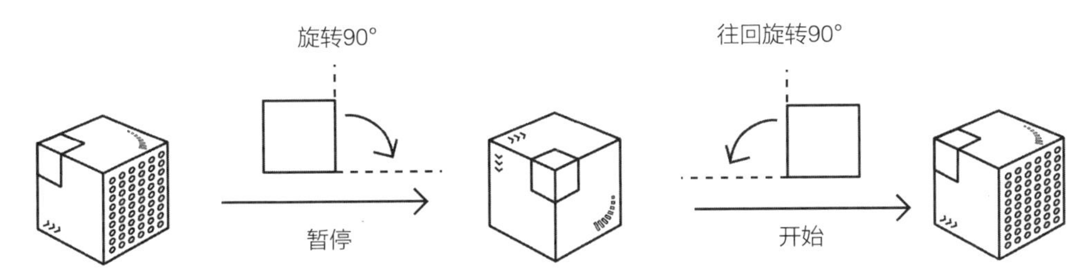

图5-5 大立方体翻转使用说明图
（图片来源：赵禹舜 绘制）

图5-6 控制板连接实验
（图片来源：赵禹舜 拍摄）

GyroCube_8.butiedi.rfidnew | Arduino 1.8.9

GyroCube_8.butiedi.rfidnew

```
    }
    else if (pwmy >= -6 && pwmy < 6 && pwmz >= -30 && pwmz <= -20) {
      if (flag_b == 0) {
        flag_b = 1;
        flag_home = 0;
        Serial.println("B Face to the Ground");
        mp3.nextSong();
        delay(100);
      }
    }
    else if ( pwmy >= -3 && pwmy <= 3 && pwmz >= -3 && pwmz <= 3) {
      flag_b = 0;
      flag_c = 0;
      flag_a = 0;
      if (flag_home == 0) {
        mp3.play();
        flag_home = 1;
      }
    }
  }
}
void ShowUser( unsigned char* id)
{

 if (rfid.serNum[0] == 0x9 && rfid.serNum[1] == 0x3C && rfid.serNum[2] == 0x5A && rfid.serNum[3] == 0xF3 && rfid.serNum[4] == 0x9C ) {

    Serial.println("OK1");
    mp3.playWithFileName(0x01, 0x01);
    delay(50);

  }

   else if (rfid.serNum[0] == 0xA9 && rfid.serNum[1] == 0x9B && rfid.serNum[2] == 0x59 && rfid.serNum[3] == 0xF3 && rfid.serNum[4] == 0x98 ) {

    Serial.println("OK2");
    mp3.playWithFileName(0x02, 0x01);
    delay(50);

  }
```

图5-7　Arduino编程
（图片来源：赵禹舜　绘制）

图5-8　内部结构展示
（图片来源：赵禹舜　拍摄）

图5-9　内部结构展示2
（图片来源：赵禹舜　拍摄）
项目详细信息可见网站：
http://yushunzhao.com/project/vierte-project/.

5.2 手机里的定制旅行

"城市猎人"（City Hunter）是美国旧金山艺术大学，新媒体和网络设计专业孙永林的毕业设计项目①。它是一款旅行服务类手机应用，用户可以根据实时定位，发现并探索城市的隐藏墙绘景点。在每个景点，用户会发现一个可扫描的二维图形标志，通过手机扫描引发AR交互动画，带给旅行者新的旅游体验。

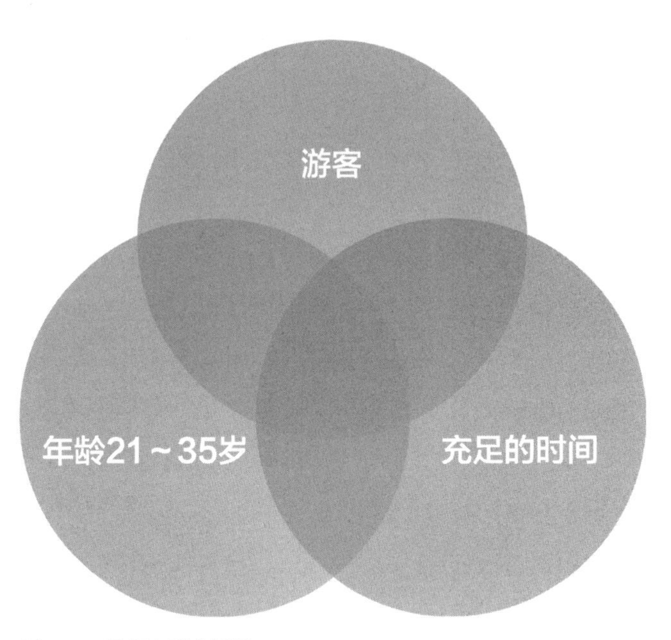

图5-10 目标人群分析图
（图片来源：孙永林 绘制）

5.2.1 前期研究

1. 设计问题定义

"当你到达一个城市，你难道只是想去一些传统的景点？还是去一些比较酷的地方，一些只是被当地人知道的地方？"这个产品，旨在帮助游客探索一些有意思的地方，为用户带来有趣和新鲜的冒险体验。

2. 兴趣点陈述

"城市猎人"（City Hunter）的设计目的，是为用户的旅行过程带来新的冒险体验，并通过AR交互方式强化用户的使用体验。

3. 目标人群

项目旨在发现一些城市里比较有意思的地方，所以将对这个城市不熟悉的游客作为主要的目标群体。设定的游览方式为步行，用户定位为21～35岁之间，有足够的时间和体力进行步行游览的游客（图5-10）。

4. 用户画像（虚拟目标用户描述，图5-11）

Julie Tyler

年龄：29岁

来自：西雅图

职业：自由职业

婚姻状况：单身

图5-11 用户画像
（图片来源：孙永林 拍摄）

① 项目指导教授：Jesus Rocha Guerrero、Hamilton Cline、Claudia Dallendoerfer、Ryan Medeiros、William Graban。

兴趣：旅行、摄影、设计、美食

用户介绍：Julie Tyler作为一个自由职业者已经4年了。她喜欢美食、摄影和旅行。她的工作性质允许她每年能旅行3～4次，每次旅行8天左右。她经常计划去一些吸引她的城市。如果时间允许，她喜欢步行游览，探索一些特别的餐厅，特别的建筑和特别的墙绘。在每个街道，她都能够发现一些令她驻足的地点。

旅行目标：探索最时尚的街区和景点，获得可以与社交媒体上的朋友和关注者共享的独特旅行体验，像当地人一样。

痛点总结：①在陌生的城市容易迷路；②不希望只游览那些大家都知道的景点；③缺乏深入的旅游信息。

5. 用户调研（图5-12～图5-14）

6. 地点研究

在旧金山的市中心，艺术家将墙面作为画板，描绘了出色的艺术作品。但是这些地方，是很难被不熟悉城市的游客发现的。设计者探访了旧金山街道中的一些墙绘地点（图5-15），并且将最近的几个地点组合在一起，组成一个独特的游览行程。

5.2.2 概念论证

概念论证的目的，是为了测试不同使用流程的可行性。在“城市猎人”这个项目里，概念论证分为三个独立的使用流程，第一个流程是：使用应用选择行程，选择用户想去的地点。第二个流程是：通过导航到达该目的地。第三个流程是：扫描图标，得到AR动画。

第一个，选择行程。在选择行程的场景下，模拟出一个场景，进行概念论证。用户看到产品的海报，并进行应用APP下载。下载完毕，打开应用，识别该用户的地点，并且选择一个行程（图5-16、图5-17）。

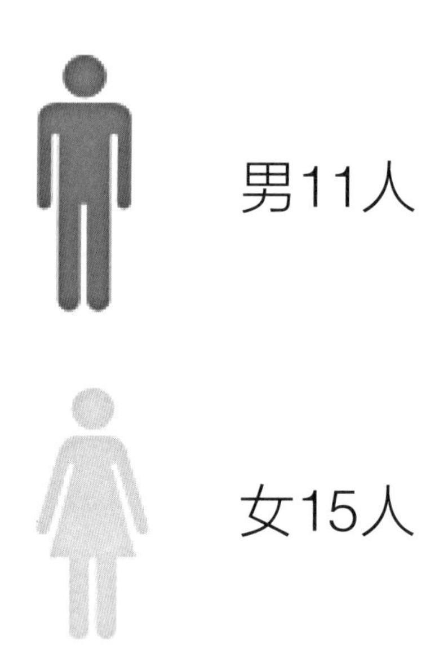

图5-12 调研用户样本数
（图片来源：孙永林 绘制）

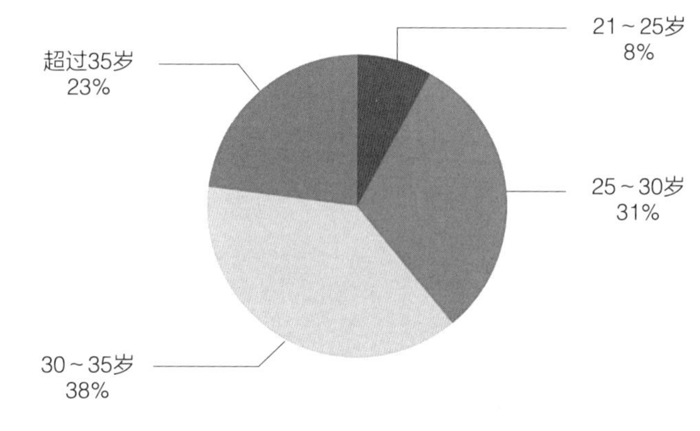

图5-13 调研用户年龄比例
（图片来源：孙永林 绘制）

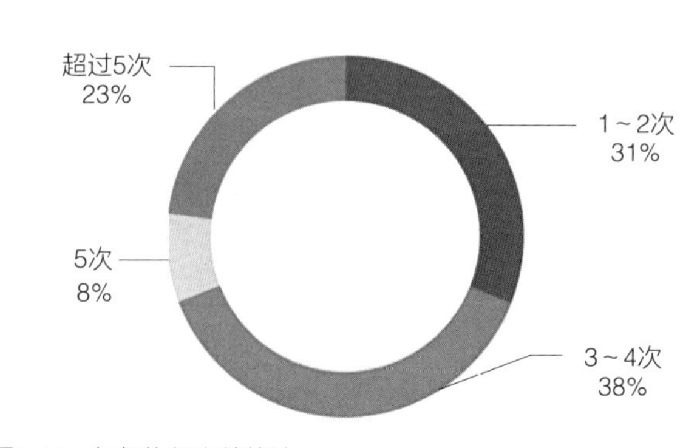

图5-14 每年旅行次数统计
（图片来源：孙永林 绘制）

图5-15　墙绘打卡地点照片
（图片来源：孙永林　拍摄）

图5-16 第一个选择行程的流程图
（图片来源：孙永林 绘制）

图5-17 选择行程相关UI界面
（图片来源：孙永林 绘制）

第二个，发现每个地点，到达目的地。用户根据地图中每个地点的路线规划，选择路线并到达地点（图5-18、图5-19）。

第三个，扫描图标，查看AR场景动画。在行程结束后，用户到达最后一个场景地点。根据提示用户会在场景周围找到一个标志，该标志与该行程相关联。扫描标志后会自动播放一段AR动画，用户可以选择分享视频或图片至第三方社交平台（图5-20、图5-21）。

5.2.3 用户测试

用户测试的目的，在于发现问题和解决问题。一般要进行至少两轮的用户测试。确定使用场景在不受干扰的情况下，让用户完成每一个流程，并根据用户的反馈进行完善（图5-22）。

举例：用户测试—— Ryan Medeiros。2018年5月，场景模拟。

设计师提问：“周末下午，您在城市享用午餐后在收据上找到QR码。您扫描了此QR码并下载了一个名为City Hunter的应用程序。然后，您开始使用此应用程序探索周围的环境。”

关键点发现：①哪种促销方式会提示用户下载此应用；②路径规划要跟踪以引导用户；③有些图标太小；④添加导航指南；⑤视觉层次优化。

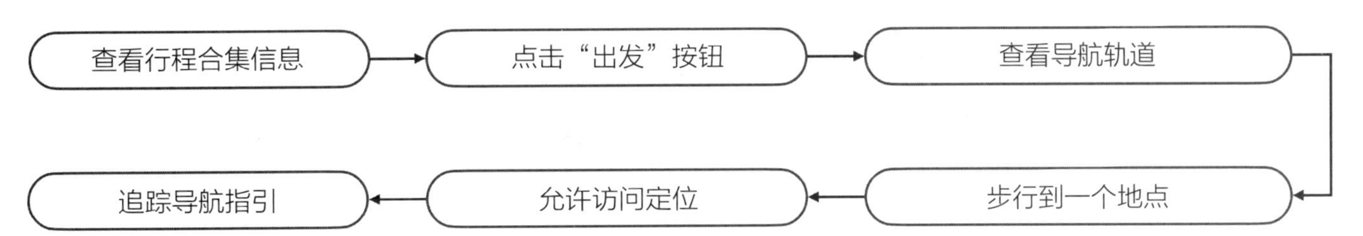

图5-18　第二到达目的地的流程图
（图片来源：孙永林　绘制）

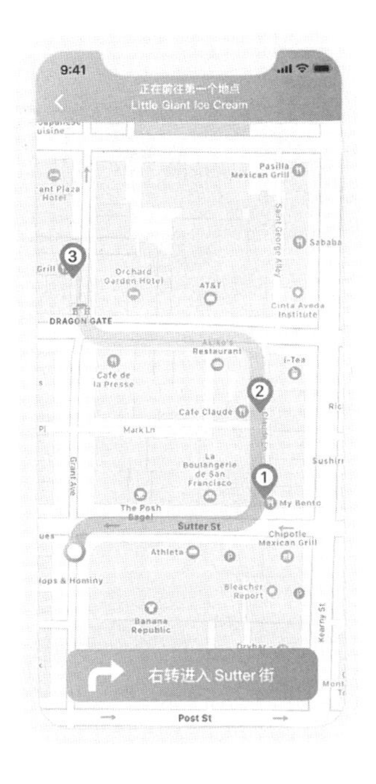

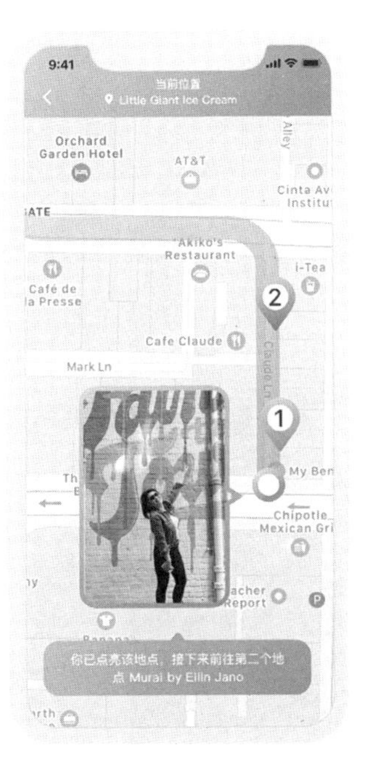

图5-19　到达目的地的相关UI界面
（图片来源：孙永林　绘制）

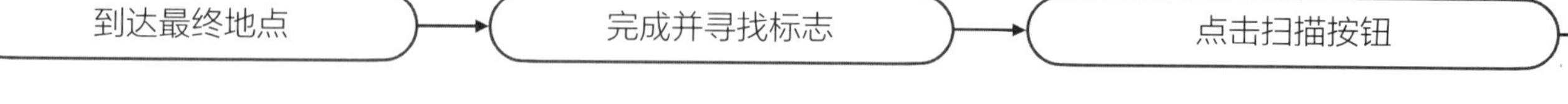

图5-20 第三查看AR动画的流程图
（图片来源：孙永林 绘制）

图5-21 查看AR动画相关界面
（图片来源：孙永林 绘制）

图5-22 用户测试
（图片来源：孙永林 拍摄）

5.2.4 视觉设计

在确定好最终构架图后，开始视觉设计。完成图标图形设计、产品原型设计、视觉方案设计、排版设计，以及设计规范（图5-23～图5-26）。

该项目整个设计流程中，遵循的设计思维方法：用户同理心、定义问题、发想、原型设计、用户测试。这五点要素，可归结为定义和执行。优秀的设计师不单单能设计出好看的、让人赏心悦目的界面，还能设计出有趣、易用的产品。在最开始的设计中，应更多地关注用户，而不单单是视觉设计问题。在后期执行阶段，设计师会与开发人员、工程人员合作，良好的沟通和反馈也是保证一个产品开发成功的必要条件。

项目详细信息可见网站：https://sunyldesign.com/.

图5-23 颜色规范
（图片来源：孙永林 绘制）

Font

SF Pro Display

ABCDEFGH
ABCDEFGH
ABCDEFGH

SF UI Display

ABCDEFGH
ABCDEFGH
ABCDEFGH

Text styles

SF Pro Display is the system typeface in iOS. The font of this typeface are optimized to give your text unmatched legibility, clarity, and consistency.

*Large Title**

SF Pro Display - Bold - 34pt

*Description Test**

SF Pro Display - Medium - 17pt

*Navigation**

SF Pro Display - Regular - 12pt

图5-24 字体规范
（图片来源：孙永林 绘制）

图5-25 AR标识设计
（图片来源：孙永林 绘制）

图5-26 产品海报
（图片来源：孙永林 绘制）

5.3 展览空间的产品体验

下面要介绍的是一个实际的展示项目案例，德国慕尼黑SCHMIDHUBER[1]设计公司为日本索尼（Sony）公司，2019年柏林IFA（国际电子消费展会）[2]设计的展示空间。单体产品的体验和整个环境，以及在环境中的体验是分不开的。

5.3.1 项目背景

索尼公司 2018 年柏林 IFA展区就是SCHMID-

① 德国慕尼黑SCHMIDHUBER设计公司位于德国慕尼黑，有超过90名来自建筑、设计和传播领域的员工，从事以体验为导向的品牌策划和打造工作。该公司荣获了众多国际设计奖项，公司近年来在中国完成的项目包括：2010年上海世博会德国馆、2011年上海汽车展中兰博基尼和奥迪品牌的展馆、2016年西门子上海旗舰店设计等。

② 柏林国际电子消费品展览会（International Funkausstellung Berlin），缩写IFA。它是目前德国最具规模的电子产品博览会之一，源于1924年。它也是世界上最大的消费类电子产品的展览会，不断增长的参展和参观人数以及不断提高的参展水平，使该展成为电子消费品行业最重要的信息交换市场和了解发展咨询的平台。

图5-27　2019索尼IFA展会照片
（图片来源：SCHMIDHUBER公司提供）

HUBER公司负责的，相比较前一年的设计，索尼公司希望2019年的展览，能够展现公司的硬件实力，突出索尼产品的高科技属性。展会上索尼公司要展示四个产品主题：智能手机；降噪耳机和音乐播放器；电视和显示屏以及数码照相、摄像机。重点突出两个产品区域：智能手机和音乐设备（耳机、音乐播放器等）。目的是为了让索尼产品得到充分展示的同时，强化参观者对产品的操作体验。

5.3.2　设计主题

“数字技术的仙境”是2019年索尼IFA展会的设计主题。索尼希望通过穿越数字技术仙境的冒险之旅，激发目标群体的好奇心和对品牌的信心与热情。参观者可以通过展示的产品，明确感受到都市的年轻生活方式。2019年的设计重心，更多地放到了用户与产品的互动性、体验性以及整体感受。参观者在不知不觉中，沉浸到索尼营造的品牌世界里，并自发地参与到产品体验中去（图5-27）。

5.3.3　设计理念

「UN」FOLD（折叠&展开）是整个展示空间的设计灵感来源（图5-28）。4000平方米的展示空间切割成四个大的体块（图5-29），对应四个产品主题，每个体块具有不同的主色调。同时，通过合理地把控不同材料质感、灯光和色彩，使四个大的主题分区与其各自不同的局部展示区构成和谐的整体风格。

在整个展区的设计中运用了“场景模拟”的方法。

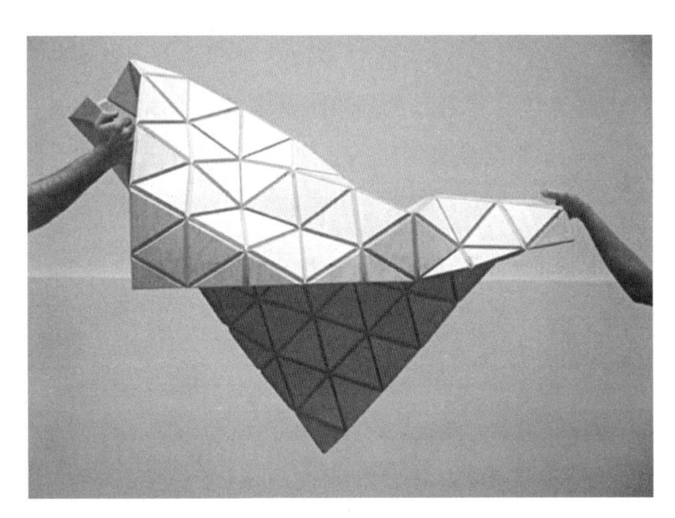

图5-28　灵感图片
（图片来源：https://www.home-reviews.com）

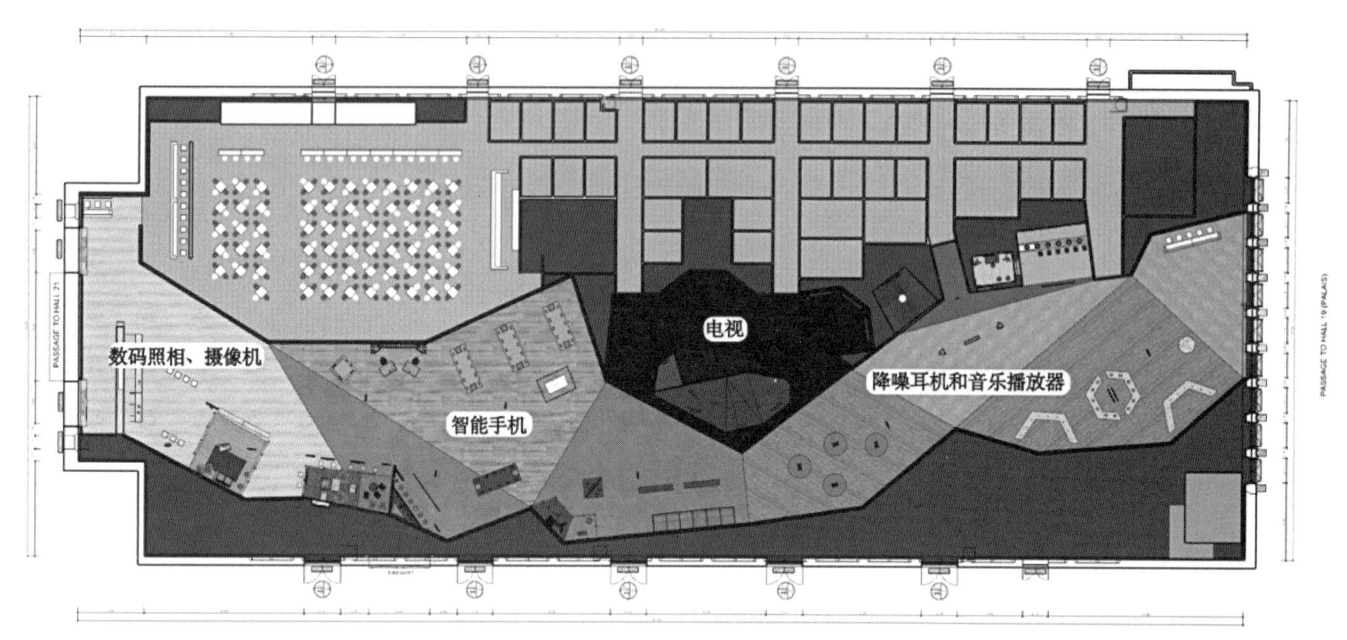

图5-29 展区分布图
（图片来源：SCHMIDHUBER公司提供）

图5-30 场景模拟 试音室照片
（图片来源：SCHMIDHUBER公司提供）

图5-31 场景模拟 唱片店照片
（图片来源：SCHMIDHUBER公司提供）

对于对光线、声音、色彩有特殊需要的产品，如显示屏、音响、摄像机等，SCHMIDHUBER的设计师[①]专门为其搭建了相应的模拟展示环境，例如，色彩绚丽的酒吧间、试音室、唱片店和演播室等，以给参观者营造完美的产品使用体验（图5-30、图5-31）。

除上述的场景，日常电子产品展区也模拟了大量的生活环境，如客厅、花园、游戏室等。在这些区域可以随处看见“Touch & Try”（触摸并试用）的字样，这让很多好奇的参观者可以在“真实”的环境下体验索尼的技术，并以此检验产品是否适合自己。这些场景模拟设计，除了起到气氛渲染的作用，更多的是利用空间、材料、灯光、颜色等设计元素对多重感官进行刺激。包括视觉、听觉、触觉等，从而带给人

① SCHMIDHUBER公司Sony-IFA 19设计团队简介：Lennart Wiechell和Jürgen Stärr担任项目总负责人，Martin Weber团队经理，Ursula Kaiser项目经理，Moritz Schmid设计总监，Franziska Edelmann产品展示负责人，Martin Lange平面图设计负责人，Maksym Lurovnikov设计师，Matthias Gries设计师，Roberta Ragonese设计师，Marcus Ebert设计师，黄俊乔设计师，Kerstin Arleth施工现场监管。

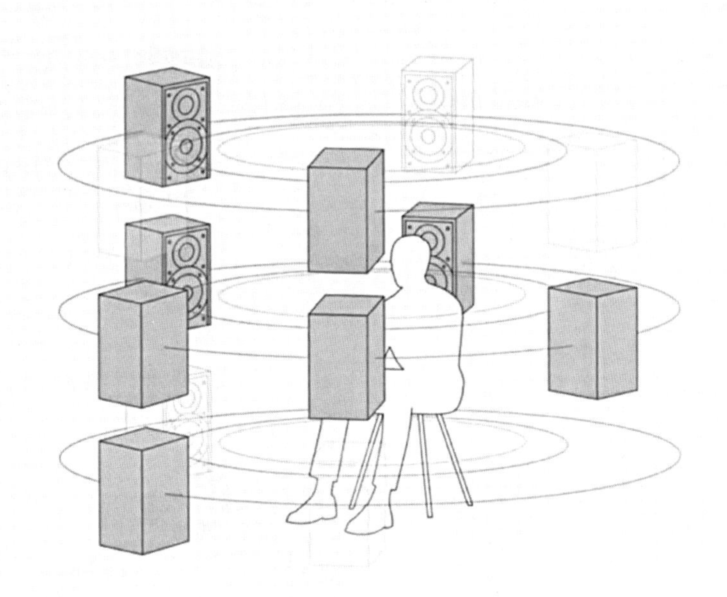

图5-32　360° 真实音效原理图
（图片来源：https://www.sonystyle.com.cn/）

们全方位、沉浸式的交互体验。最终的设计体现了索尼的宗旨：让用户把索尼产品，视为日常生活中自然的组成部分。

5.3.4　交互体验装置——“360° 真实音效”

“360° 真实音效”是索尼为未来音乐，打造的一项新的音频创新技术，是一个新的高分辨率音乐平台。歌曲中的所有元素，比如人声、吉他、贝斯、钢琴、鼓，甚至是现场观众的情绪，都会被清晰地映射在360° 环绕式音效空间里（图5-32），让人们在听音乐的时候有身临其境的沉浸式体验。

为了达到产品的体验效果，参与者需要首先测试个人的听觉特性。使用智能手机给自己的耳朵拍摄照片，以此来创建个性化声场。SCHMIDHU-BER为此产品设计了相应的展示装置（图5-33）。此装置由四个深蓝色锥形立柱组成，并分布在两个360° 光圈下。每个立柱分别有前后两个体验空间，可供8个人同时使用。每个小空间的左侧写有

图5-33　360° 真实音效体验装置
（图片来源：SCHMIDHUBER公司提供）

详细的使用说明，右侧上方安装有一根滑杆和一部索尼的智能手机，下方挂有一个耳机。

“360° 真实音效”体验装置使用流程如下：

首先，按照文字提醒参观者，可以首先通过滑杆来上下移动手机，以调节到适合自己的高度（图5-34）。

然后，手机屏幕上会出现提示和图像识别区域。参观者需要对准摄像头分别拍摄耳朵正面及侧面两张照片。拍照并识别成功后，系统会自动配置出最优化的音效空间。此时参观者可以带上耳机，选择音乐播放器里

的音乐，享受经过分析后为个人订制的360° 立体环绕音效（图5-35）。

对于现场体验的用户来说，最有意思的部分就是通过识别分析耳朵的照片，为个人优化播放效果的使用体验。这个功能的实现需要一种称为“基于对象的音频”的技术，这意味着对原始音频信息进行编码时，同时保存被称为“元数据”的额外的数据，这种数据描述了录制时3D声场中麦克风的位置。当用户收听音乐时，结合经过软件算法分析后的个人听力情况，用户就会分辨出在声场中不同声音的位置（图5-36、图5-37）。

图5-34　调节装置高度
（图片来源：https://www.youtube.com/watch?v=rcIbt72LMC8）

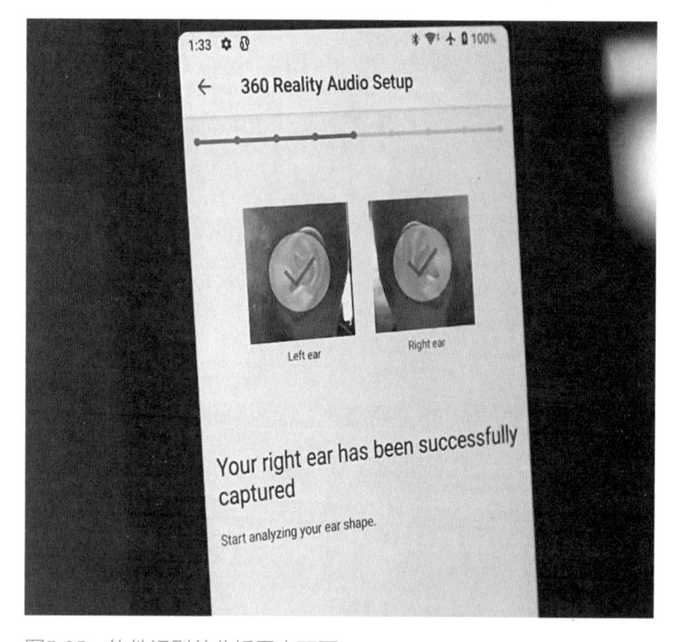

图5-35　软件识别并分析用户双耳
（图片来源：https://www.youtube.com/watch?v=rcIbt72LMC8）

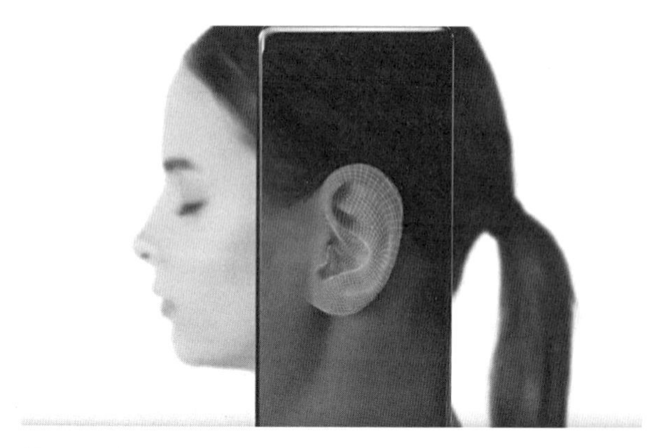

图5-36　个人播放体验
（图片来源：https://www.sonystyle.com.cn/）

图5-37　展览中参观者使用装置照片
（图片来源：SCHMIDHUBER公司提供）

5.4 多感官打卡

“地标+感官”(Wahrzeichen & Wahnehmung),是就读于柏林艺术大学视觉传达设计系的黄俊乔在2018年空间与展示研究方向的硕士毕业项目。该项目旨在探讨如何调动多重感官,从而为游客带来更加丰富、立体的游览体验。

5.4.1 项目背景

勃兰登堡门建于1788年至1791年间,是位于德国首都柏林的新古典主义风格建筑。它历经了几个世纪的变迁,不仅是柏林的象征,也是德国的国家标志。由于勃兰登堡门是柏林重要的地标之一,一直以来都吸引着世界各地的游客。不管是历史文化深度游还是坐在大巴车上的观光游,勃兰登堡门永远是必经的一站。可惜人们总是停留于在远处驻足观望,或以勃兰登堡门作为背景拍摄两三张旅游照片。对于游客来说好像来过了、见到了就无需再花时间进一步了解了。于是人们总是拖着疲惫的身躯和拍照设备,从一个景点匆匆奔赴下一处景点。这种“打卡式”旅游方式不仅是对建筑背后历史故事的忽视,对建筑细节的冷漠,也让整个旅行变得蜻蜓点水,浮于表面(图5-38)。

图5-38 打卡式旅游
(图片来源:https://www.tagesspiegel.de/)

5.4.2 项目分析

截至2018年7月,有近10万的勃兰登堡门游客打卡照被上传在社交媒体(图5-39)。根据德国市场研究所GfK的数据统计显示,德国人2018年旅游消费共计约680亿欧元。其中360亿欧元贡献给旅行社提供的团体旅游方式(例如由导游带领乘坐旅游客车、观光船等),此数字相比2017年上涨了6%。

为什么仍有大批游客选择这种旅游方式,满足于敷衍潦草的参观?经过分析原因有很多种,比如由于建筑物体积和高度的原因,增强了人和物之间的距离感,导致游客在迫于时间压力的情况下无法近距离深度观察。另一方面,出于游客文化背景的差异,仅通过双眼观察往往不足以充分理解参观对象,从而失去停留的兴趣。

对此黄俊乔提出了以下问题:如何加深游客与建筑物之间更深刻的联系;如何让人和物更好地相互交流,形成互动式的体验模式,从而避免“打卡式”的参观。由于传统的参观流程,多数情况下只满足于视觉体验,所以她希望尝试通过多重感官的调动(图5-40),打造一种各种元素交叉的立体体验模式。让被参观的建筑物本身可以和观者有更多的交互机会,拉近与游客之间的关系,从而将参观勃兰登堡门之旅变得更加丰富和有趣。

5.4.3 概念设计

在搜集资料的过程中,设计师了解到勃兰登堡门不仅有观赏性,同时也具有功能性。其由立柱分割的5个大门,曾经是被用作通向城外的城门。每个通道深约11米,宽约4米,其中中间的通道略宽约6米。当人们站在通道里的时候,仿佛自己在一个半开放式的空间

图5-39　网络上的打卡旅游照片
（图片来源：黄俊乔　绘制）

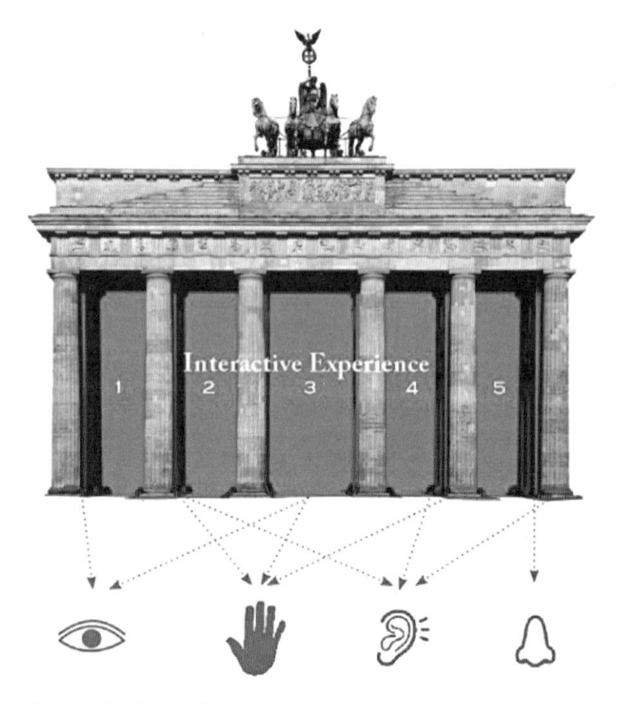

图5-40　调动多重感官的概念
（图片来源：黄俊乔　绘制）

里。但由于每个空间彼此独立没有关联性，所以在设计概念里，设计师希望通过搭建一个“S”形的隧道盘旋于各个通道之间（图5-41），把它们串联成一个完整的空间。整个“S”形隧道装置呈阶梯式，地表入口处作为第一阶梯空间，然后向后绕过支撑立柱进入第二阶梯空间，这样依次向上延伸，最终盘旋到勃兰登堡门的顶部。

勃兰登堡门建筑本身也集中了各类艺术作品（图5-42）。比如，六面支柱墙的内壁，分别嵌有关于罗马神话的雕塑；顶部中央最高处，有一尊高约5米的胜利女神驾四马两轮战车的铜质雕塑；建筑外墙也有很多来自普鲁士艺术家的浮雕作品。但由于他们坐落的位置太高（8米以上），行人在地面上是无法看清楚的。

所以为了游客能近距离地观赏到这些艺术品，装置的内部根据艺术品的独特位置被设计成不同的镂空。通过在隧道内部不同区域，专门设计的视觉装置和声音装置，以及对空间内部结构进行设计和处理，比如面朝不同方向的窗户，以及材料的置换等。让参观者从视觉、听觉、触觉、位置和空间关系等多个维度与勃兰登堡门产生紧密互动，从而感受它的历史魅力（图5-43~图5-45）。

5.4.4　最终方案

根据以上的分析和设计理念，设计师将整个装置空间分成六个部分。

第一个空间的悬挂装置（图5-46），借助不同时期不同年份的图像，在人们穿行的同时，得以领略勃兰登堡门的重要时刻（比如柏林灯光节、除夕夜、世界杯等盛大活动）。

第二个空间的声音装置（图5-47），又将人们带回东西柏林分裂、重新统一等几个关键的历史时期。高低错落的听筒，满足不同年龄人群的高度（图5-48）。它们如同在耳边低语一般将参观者笼罩在当时的历史事件中。装置以音频的形式，播放着不同的声音片段。比

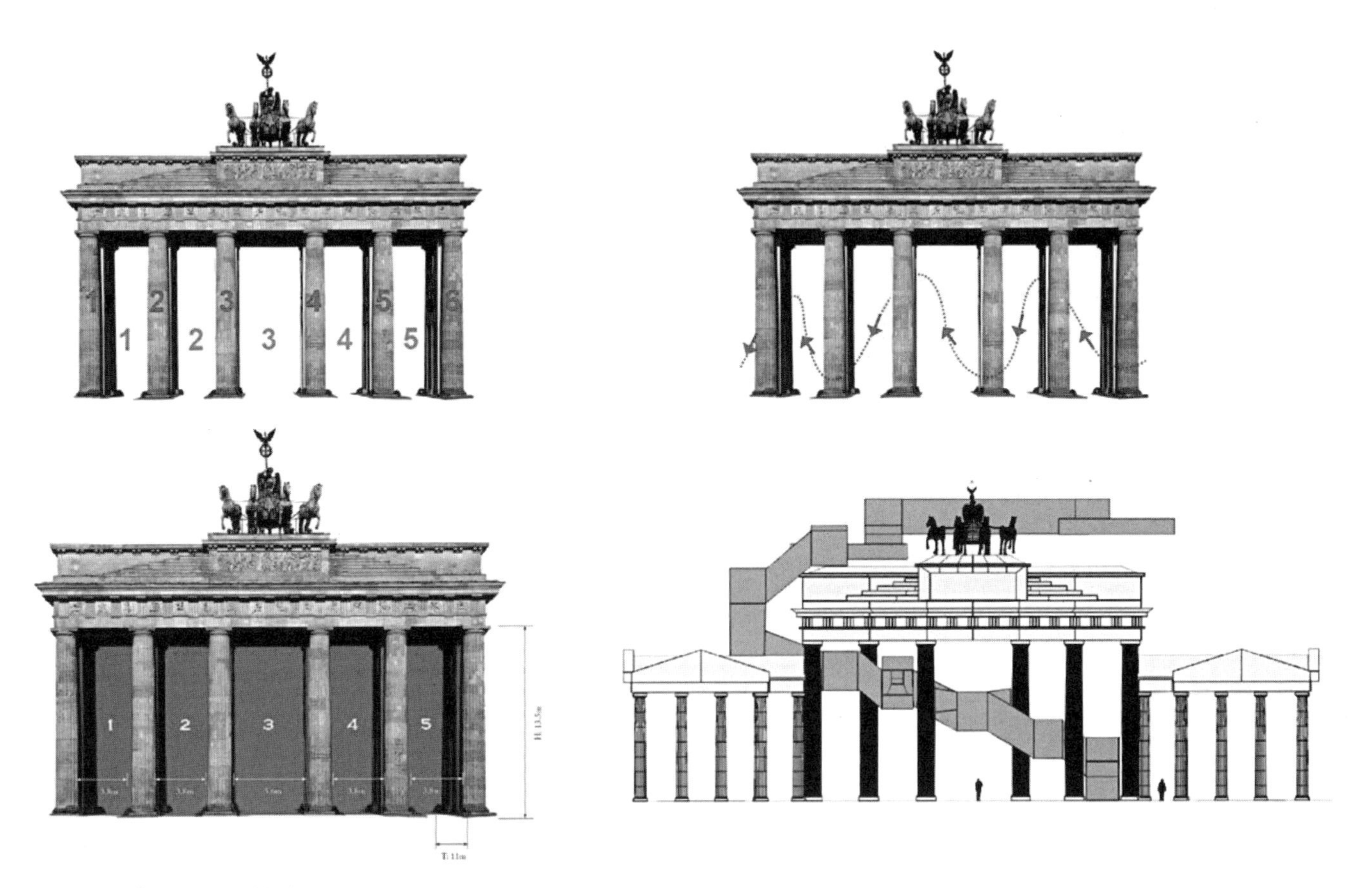

图5-41 “S”形空间设计概念
（图片来源：黄俊乔 绘制）

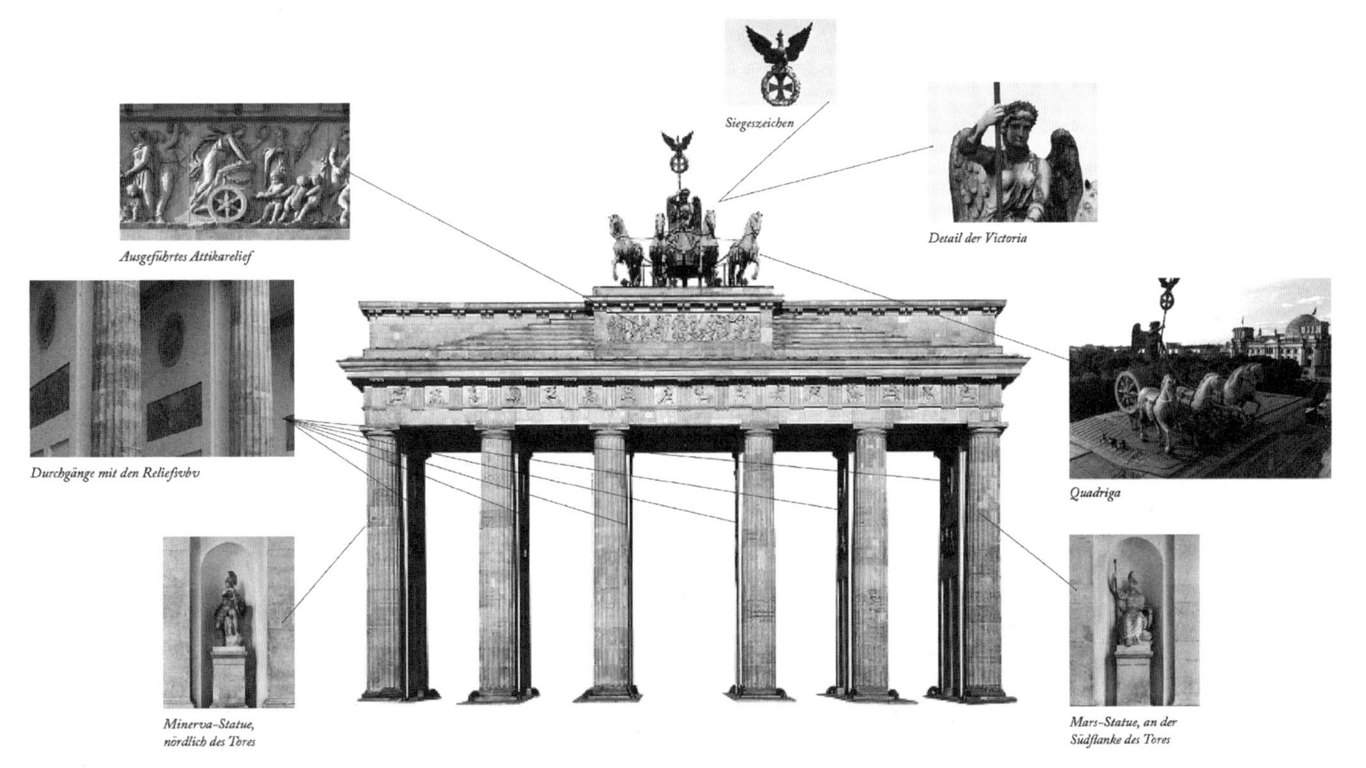

图5-42 勃兰登堡门艺术品细节图
（图片来源：黄俊乔）

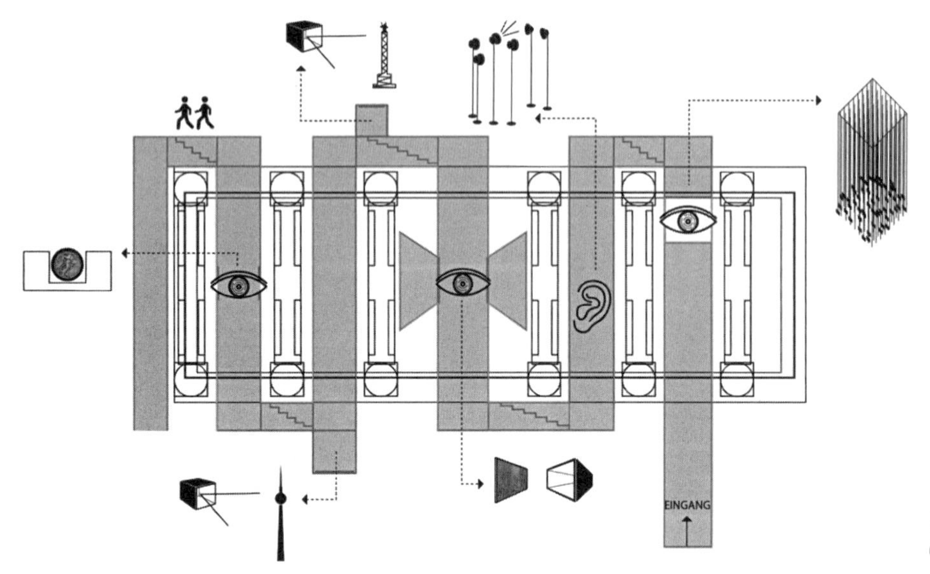

图5-43　空间装置第一层俯视图
（图片来源：黄俊乔　绘制）

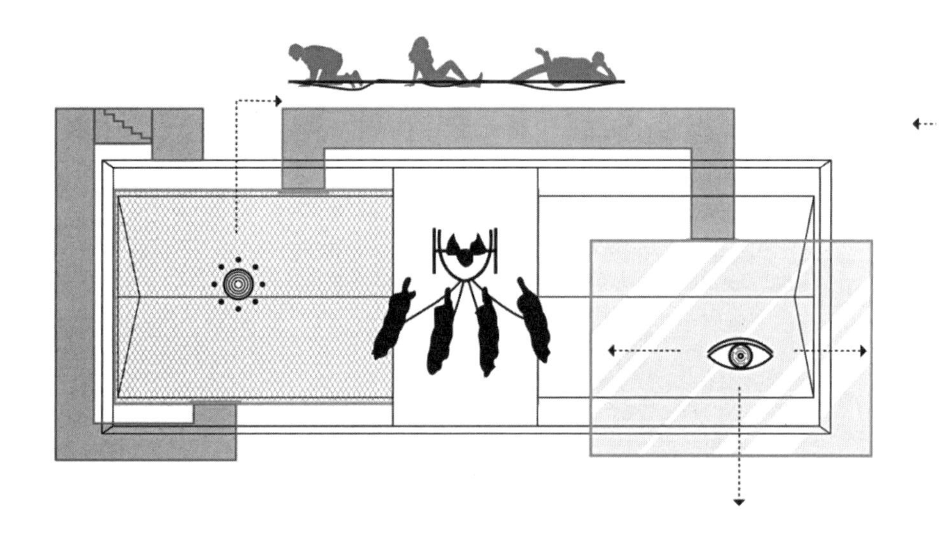

图5-44　空间装置第二层俯视图
（图片来源：黄俊乔　绘制）

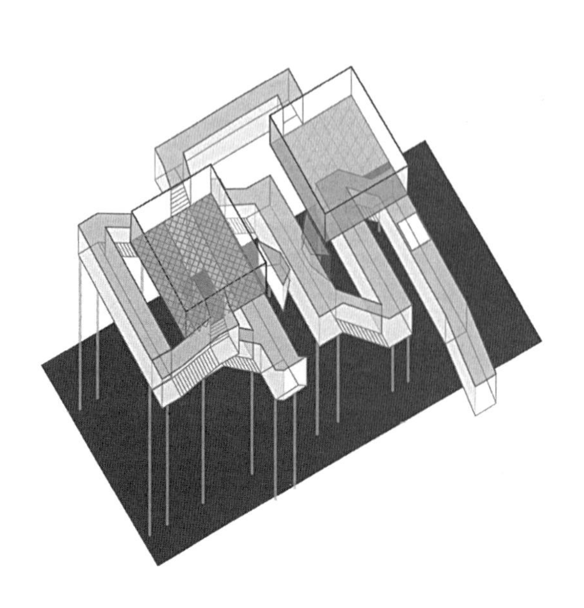

图5-45　空间装置俯视透视图
（图片来源：黄俊乔　绘制）

图5-46　第一个空间的悬挂装置
（图片来源：黄俊乔　绘制）

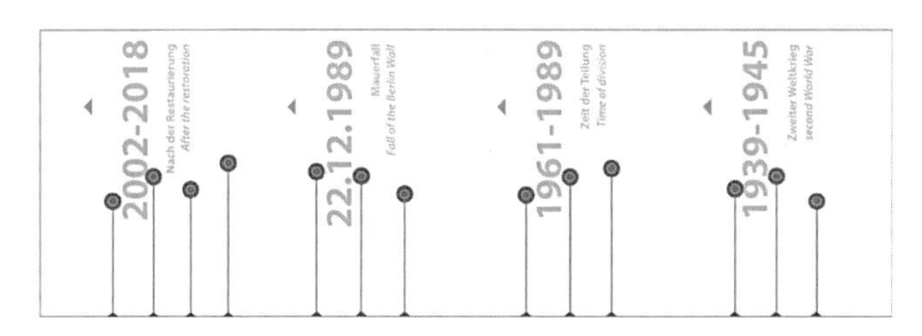

图5-47　第二个空间的声音装置
（图片来源：黄俊乔　绘制）

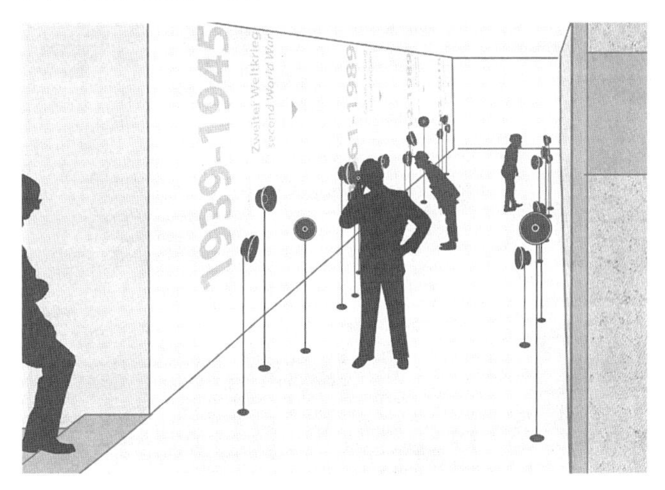

图5-48　装置播放着不同的声音片段
（图片来源：黄俊乔　绘制）

如当年的新闻联播、人群及车辆过往的声音、事件参与者的诉说等。

第三个空间，希望让游客体验勃兰登堡门优越的地理位置。勃兰登堡门连接着多个重要的地标建筑，东面朝柏林电视塔，西面向柏林胜利纪念柱。通过东西两面的向外探的小窗户（图5-49），以及地面的投影影像。让参观者更准确直观地感受勃兰登堡门在柏林的位置，以及与周边建筑的关系。

图5-49　东西两面的向外探的小窗户
（图片来源：黄俊乔　绘制）

第四和第五个空间，可以让游客近距离观看内侧墙体上的浮雕（图5-50）。

第六个空间，是从封闭的隧道系统中穿行到最后一个开放式空间（图5-51）。它位于勃兰登堡门的屋顶正上方。在这里人们可以坐着休息，躺着晒太阳，俯瞰建筑细节；可以近距离观看战车和胜利女神雕塑或者享受开阔的城市全景（图5-52）。

图5-50　观看内侧墙体上的浮雕
（图片来源：黄俊乔　绘制）

图5-51　屋顶开放式空间
（图片来源：黄俊乔　绘制）

图5-52　展览空间等比缩小模型照片
（图片来源：黄俊乔　拍摄）

第6章

设计实例
——未来体验的探索

面向未来的研究型项目，一直受到高校和研究机构的偏爱。20世纪中期的包豪斯无疑可以称为工业革命推动下的“未来”实验室。而它对于设计体系以及物质世界的推动，在今天仍然是有目共睹的。下面的几个项目，主旨不在于解决现实中的问题，而是对于未来体验可能性的探索和实验。

6.1 工业4.0的人机交互

就读于不来梅艺术大学整合设计系的杨妙晗，在2018年的创造现实（Create Reality）课题中与沈相宜，周一君以及言茨·克瑞缇安（Jens Christian）合作了关于人机交互的研究项目。该项目与不来梅生产和物流研究所（BIBA）合作，教授蒂尔夫·拉赫（Detldf Rahe）和教授塔尼亚·迪兹曼（Tanja Diezmann）指导。旨在探讨如何使人和机器人更加愉快地合作。

6.1.1 项目背景

不来梅生产和物流研究所（BIBA）是原属于不来梅大学旗下的研究机构（图6-1），主要研究领域是智能生产和物流系统。与传统的制造业不同，无论是在BIBA的智能生产还是物流系统中，机器人都扮演了极其重要的角色。因此，优化人和机器人在未来合作时的体验，便成为了重要的研究课题。

在传统制造业中，人往往是与其他人合作，而机器则一直作为工具存在，因此机器人留给人的印象大多是冰冷的。这种刻板印象并不利于人与机器人的合作。在人和机器人合作的过程中，人往往通过遥控、按键等方法与机器人交流，这样的沟通方式也加深了人与机器人之间的芥蒂。在这一前提下，项目同时从人和机器人两个方向入手，课题被分为两个部分，一个是如何使机器人更好地理解人类，另一个是如何使人类更好地理解机器人。

6.1.2 项目分析

机器人和人共有五种合作方式。如图6-2所示，从左至右，第一种，人和机器人不处于同一空间；第二种，人和机器人处于同一空间，但不共同完成一项工

图6-1 德国不来梅BIBA研究所
（图片来源：https://www.biba.uni-bremen.de/）

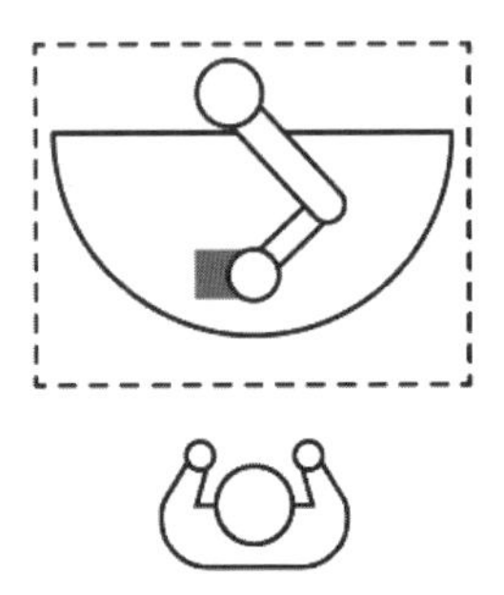
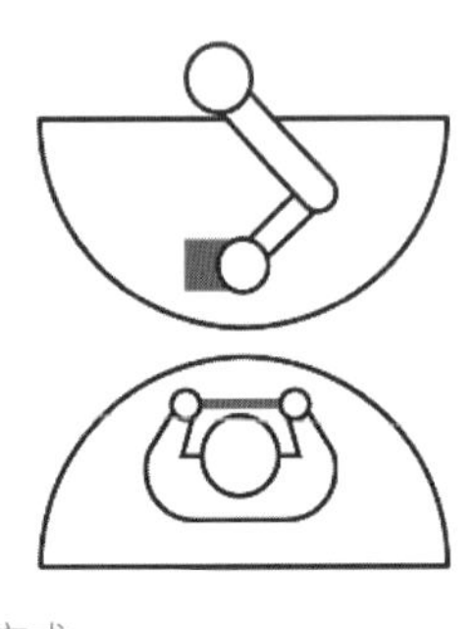
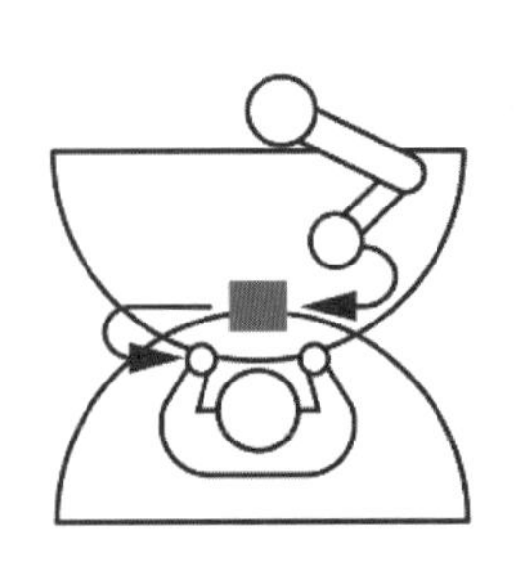
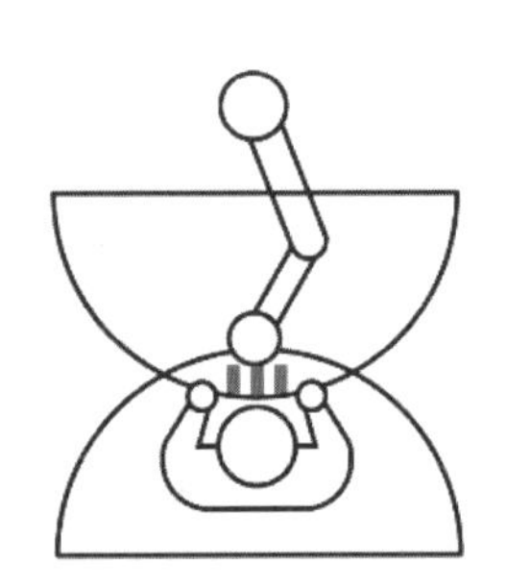
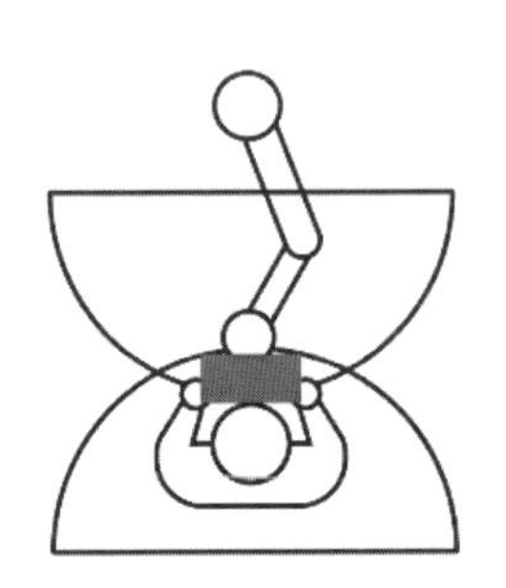
图6-2 机器人和人五种合作方式
（图片来源：杨妙晗 绘制）

作；第三种，人和机器人处于同一空间，并分别完成一项工作的不同步骤；第四种，人和机器人处于同一空间，并完成同一项任务，但不同时处理同一物体；第五种，人和机器人处于同一空间，同时加工同一物体。在这几种合作方式中，真正涉及密集的信息交流的只在最后一种合作方式中，即人和机器人能够同时在同一空间内，通过相互协助来完成同一项既定任务。此时使用的机器人被称为协作机器人，英文简称Cobot（图表6-3）。

为了使机器的信息传递表达更加接近人，设计小组构想引入了“信号仿生”的概念，即机器人使用人类已经熟知的交互信号与人类交流。这些信号具体来说，就是手势、表情、姿态、语言、声音、触觉、颜色和光。

	Cobot
负载	0.5kg ~ 20kg
特点	与人类相同的工作速度 手动运行与自动运行结合 灵活轻便
使用领域	小件物品取放；CNC；包装；注射；码垛；质量检测；组装；抛光；喷漆；喂料

图表6-3　Cobot的数据分析
（图表来源：杨妙晗　绘制）

在进入更加深入的研究之前，需要调研协作机器人的使用环境。根据BIBA提供的资料，相较于家用机器人而言，工业机器人的使用环境更加苛刻，除了面对极端环境（高温、低温等）和高强度的工作负荷之外，噪声往往也充斥着其工作环境。这时无论是人还是机器人，对语言的识别能力均会下降。因此，语言类的信号在项目中不作为研究重点，如何使机器人的非语言信号更加易懂便成为了研究深入的方向（图6-4）。

6.1.3　概念设计

接下来，是关于“信号仿生”的研究方向。

首先是“姿态”。在自然界中通过上亿年的进化，人类和普通动物都学会了如何理解姿态代表的含义和信息。即使看到某种人类并不认识的动物，人们往往也可以通过动物的基本姿态，判断出该动物是否具有攻击性。这种全球通用的、直观的信息传递方式是机器人的首选“语言”。其次是“表情”，不同国家的不同人见面，即使语言不通，也都能从对方脸上分辨出善意还是恶意。虽然研究的方向是“信号仿生”，但是应尽量避免过于具象的信息传递方式，比如把机器人直接做成人的样子。这不仅不会使人和机器人之间的协作更加愉快，反而会给使用者带来生理上的不适，这类现象称为

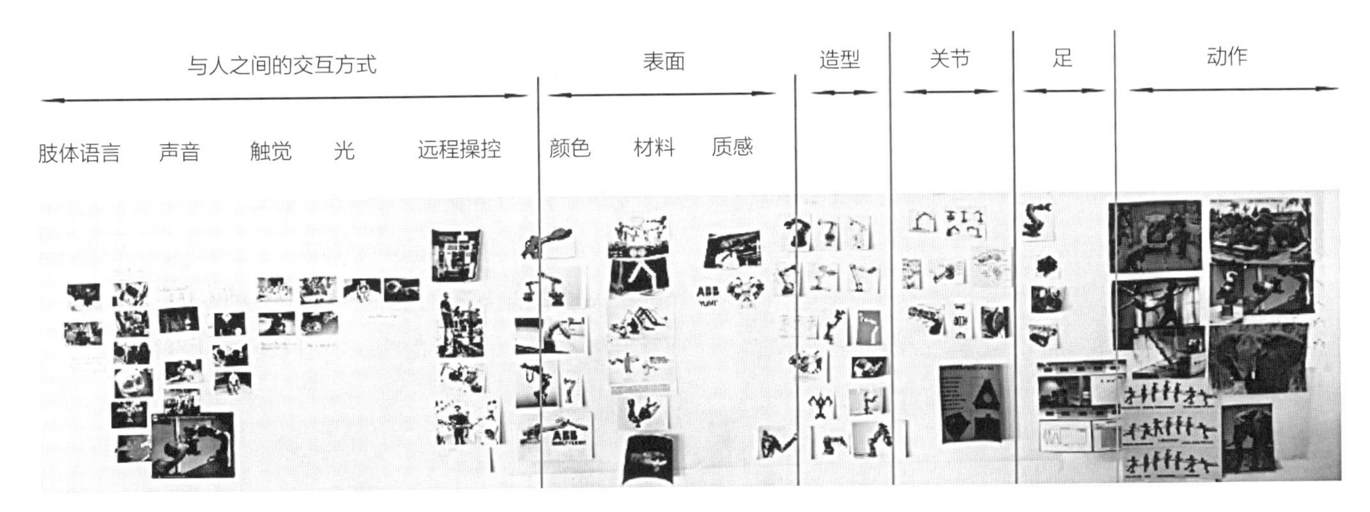

图6-4　关于机器人所发出信号的矩阵分析
（图片来源：杨妙晗　绘制）

图6-5 动物的姿态

恐怖谷效应[①]。因此，无论是姿态还是表情，都需要将特定的表达方式抽象化之后，再加以使用。

深入研究的具体过程如下：关于“姿态”的研究。先列出不同动物表达情绪的各种姿态，找出动物们表达相同情绪时姿态的共同点。比如当动物们放松或者休息时，基本都会低下头，并放松肌肉；但是当动物进入紧张状态时（比如感到危险或准备攻击），均会抬起头并绷紧肌肉，为迅速移动做准备（图6-5）。

机器人的姿态可以模仿动物，但是处理工作时机器人的姿态基本是与情绪传递无关的，出于安全角度，过多的动作和姿态可能会干扰工作的正常进行。因此“姿态”这种表达方式更加适用于非工作状态的机器人，那么工作状态的机器人如何表达情绪呢？

经研究后，设计小组成员决定使用机器人的“表面”（Interface）。就像人与人之间的交流一样，视觉信号总是最直接明了的，而一个机器人最先被人识别的就是其外表面，而且机器人的外表面变化基本不会影响工作机器人的工作状态。外表面变化可以看作二维的姿态变化，对于动物来说最主要的二维姿态就是表情。

接下来便是关于“表情”的研究。就像许多简笔漫画一样，人的表情主要通过嘴巴、眼睛表达，甚至有时单看嘴巴或者眼睛就可以了解一个人的情绪。图6-6展示的是将“表情”抽象化的过程，设计小组尝试了通过气球表面的波动来还原各种表情。

这么多表情信号，又有多少是可以迁移到机器人的表面上的呢？为了回答这个问题，设计小组在录制和研究了人之间的合作过程之后，重新整理人机合作的流程并进行分析，得出了以下结论（图6-7）。

① 恐怖谷效应，是一个关于人类对机器人和非人类物体的感觉的假设。它在1970年由日本机器人专家森政弘提出，形容人类对跟他们相似到特定程度的机器人的排斥反应。

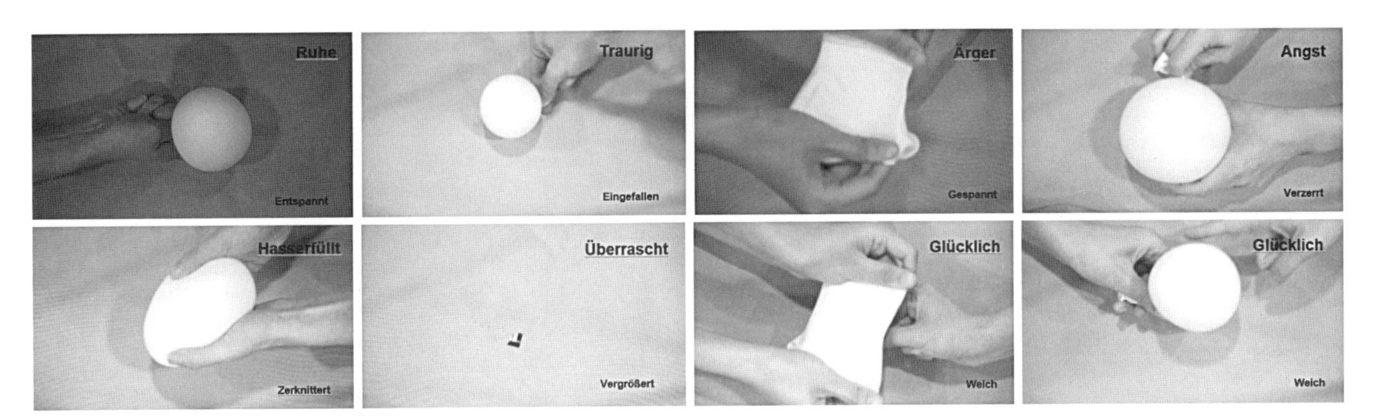

图6-6 使用气球来模拟各种表情的尝试过程
（图片来源：杨妙晗 绘制）

工作状态

关机
放松
平静

工作起始
积极情绪
方向预告

工作过程中
积极情绪
方向展示

工作完成
积极情绪
待机

意外情况
消极情绪
警告

图6-7 人机合作过程中出现的主要信号
（图片来源：杨妙晗 绘制）

确定了表情信号之后，是对于机器人的动作的改善。BIBA提供了大量的机器人工作视频，研究小组对于机器人的动作进行了动作分析，并和人类的动作作了比较，总结出人类动作的特点有：①人类有预备动作；②人类的动作呈现弧形的运动轨迹；③人类动作的变化是渐进开始与结束的。

项目的初步成果，是通过机器人动作的改善和表面纹理的变更，来尝试人机新的交互方式（图6-8~图6-11）。

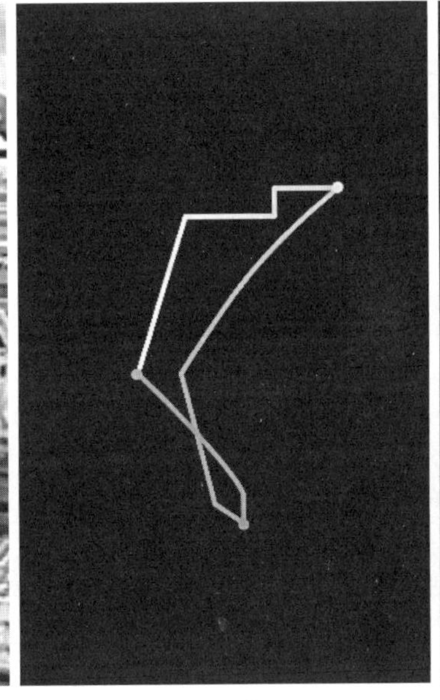
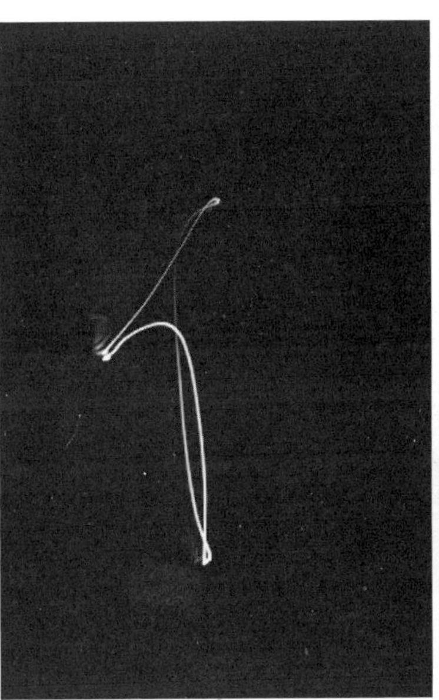
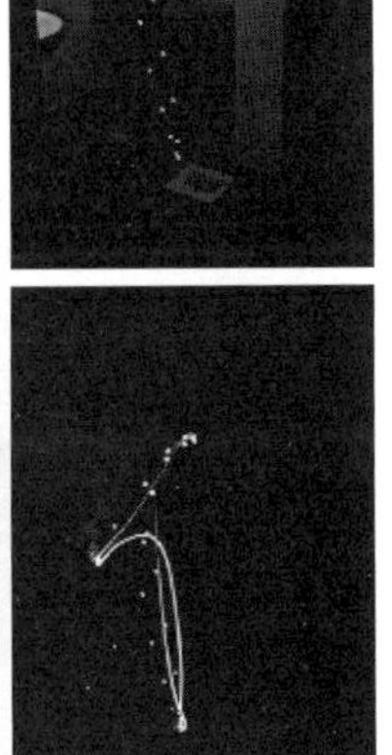

图6-8 动作追踪与长曝光摄影
（图片来源：杨妙晗 绘制）

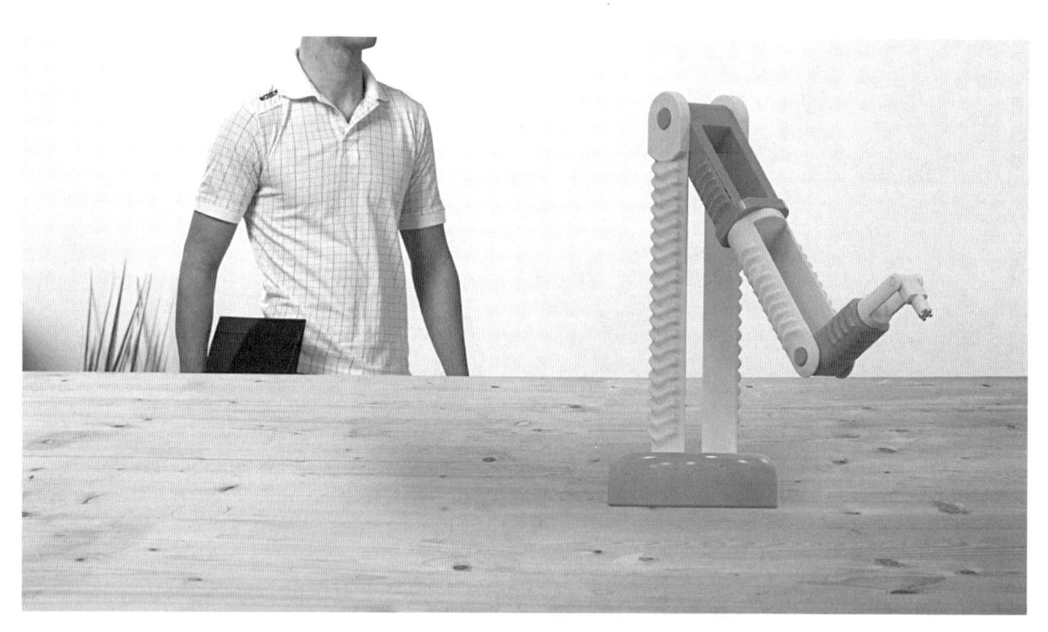

图6-9　项目初期效果展示1
（图片来源：杨妙晗　绘制）

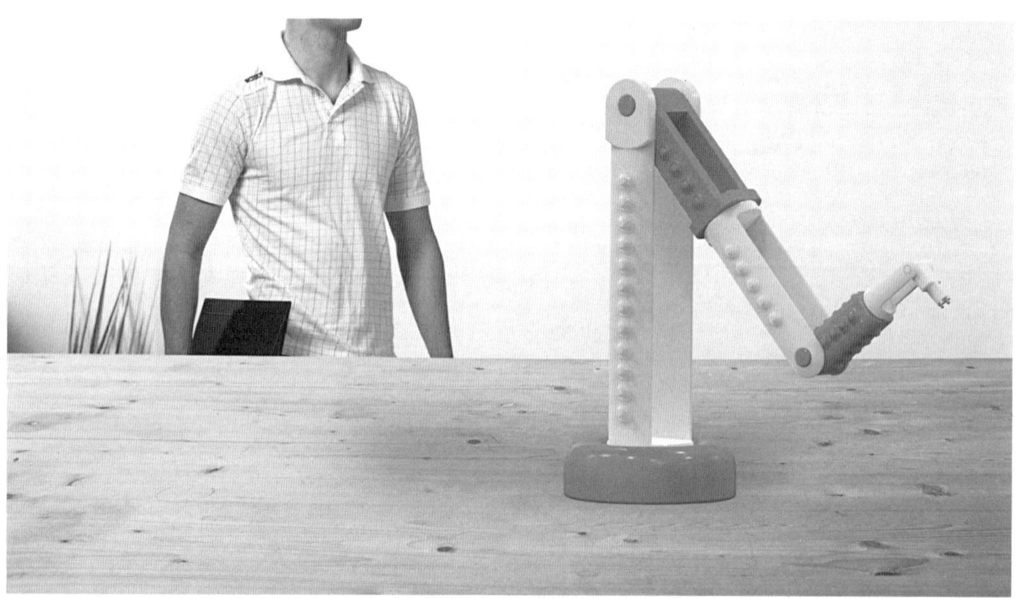

图6-10　项目初期效果展示2
（图片来源：杨妙晗　绘制）

图6-11　项目初期效果展示3
（图片来源：杨妙晗　绘制）

6.2 首饰——关于女性的情绪表达

6.2.1 项目背景

这个项目是德国穆特修斯艺术学院（Muthesius Art University）交互设计方向的研究项目，项目成员是陈思月和王梓霖，指导教授弗兰克·雅各布（Frank Jacob）。项目是以核心词“女性的交互（Female Interaction）”展开的，设计师在此项目中，可以选择自己想要表现的内容和方式，无论是产品、界面或是观念表达都可以。两位女性设计师以“思辨”的设计方式，设计了一系列关于女性的情绪转变的可穿戴设备，意在通过体验揭示“女性独立”的重要性。

相比起男性，女性的情绪波动会更加频繁和剧烈。女性更加细腻、敏感，也更容易受到外界的影响，更能察觉到自己情绪的变化走向。这个项目的两位女性设计师从自身出发考虑，由于她们无时无刻都能深刻察觉到，自己或好或坏的情绪起伏。因此她们决定对女性情绪这个话题，进行深入探讨。本次设计针对的目标，是容易情绪化的女性。项目开始，设计师提出了下面几个问题：①为什么女性会情绪化？②如何改变不良情绪？③如何将情绪可视化？④如何设计交互方式，去引导人体验不同的情绪及其之间的转变？

设计师以这四个问题为出发点，通过调研、实验等方式，尝试着用交互设计的方式重新设计首饰的体验，并对问题作出解答。

6.2.2 项目调研

情绪是非常私人化的心理体验，有时十分细微，有时转瞬即逝，难以捕捉。对于情绪的调研，以常规的方式（比如调查问卷、文献查阅）获得的信息和资料往往是经过别人收集和提炼，总结的“二手体验”。所以，设计师决定先从自身作为女性的视角，主动观察体验自己的各种情绪，发现自身的情绪走向，得到最直接真实的体验结果，再通过可视化的方式表达出来。图6-12是设计师尝试将感知到的情绪转化成平面绘画和三维模型。图6-13则是用线条和纹理以及三维模型，来表示不同的情绪和情绪变化。通过材料本身的性质（比如软硬程度、颜色、凹凸触感）、造型（圆润还是尖锐，规整还是杂乱无章，平整还是有很大的起伏）等元素表达感受。

情绪是抽象和内化的，需要通过转换才能表达出来。常见的是转换成语言，即“高兴”“伤心”“害

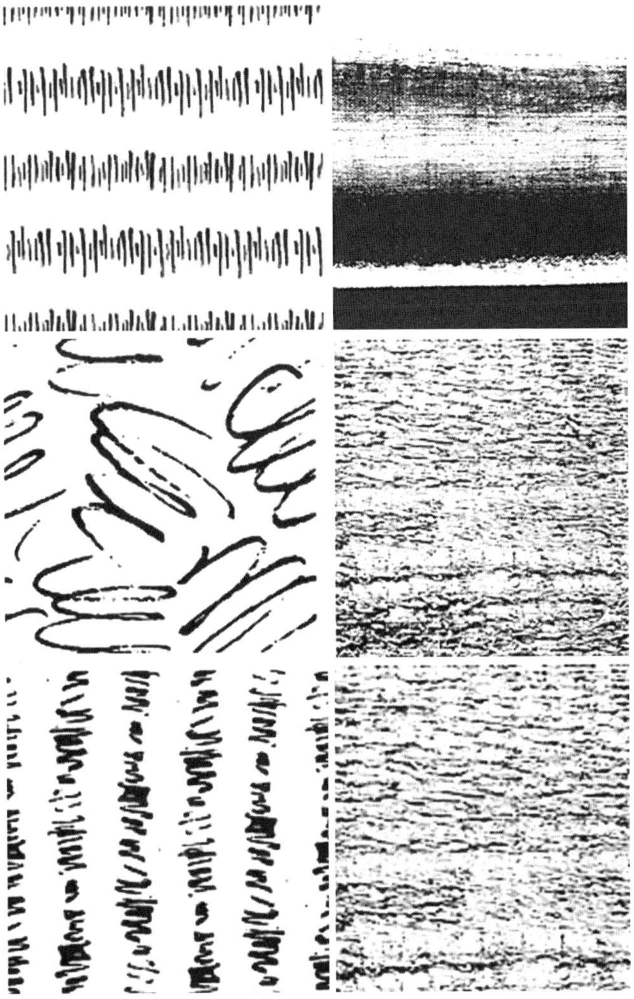

图6-12　用线条和纹理来表示情绪
（图片来源：陈思月　绘制）

图6-13　三维模型来表示不同的情绪
（图片来源：陈思月　拍摄）

怕”“心乱如麻”等。可是词汇同样也是抽象的，以词汇表达情绪，会失去情绪体验的完整性，因为别人没办法感受到“高兴”的程度，“心乱如麻”是怎样的“如麻”。还可以用声音、音乐来表达，我们都能从乐曲中听出悲伤和欢快的区别。在本项目中，设计师选择将情绪转换成视觉元素，尝试利用通感和具有普适性的联想，来实现将情绪可视化的目的。简单来说，整齐有规律的线条表示的是相对平静稳定的情绪，而混乱无规则的图像更能传达出激动、波动的情绪。那么接下来，线条的弯曲程度、线条与线条之间的排布与交错规则、图形的整体布局等，都可以进一步细化情绪的表达。比如“激动”是积极的还是消极的，程度如何，产生和消退的过程是怎样的等。这种对应关系依赖于普遍人类的情绪和感官经验，只有转化得合理且生动，才能使情绪的准确和有效传达成为可能。

在最后的调研步骤中，设计师咨询了心理医生，并得到如下结论：如果在心理上将自己定义为从属于环境的客体，那么情绪就很容易被外界环境所影响，比如天气变化，别人的评价等；但是如果将自己想象成主体，坚定自己（自信），那么就可以大大减少情绪被外界影响的可能性。尽管一些情绪引发的行为，看上去没有经过思考，但实际上意识和思考往往是先于情绪的，是情绪产生的主要原因。

6.2.3　概念设计

设计师总结出，情绪的转换是可以有意识地自我调控的。比如通过心理暗示，或者动作暗示。以此为出发点，可以通过交互方式，引导女性通过自身的动作开启“情绪体验”，主动感受情绪引起的身体变化（生理层面）进而到心理变化（心理层面）。设计师总结出了三组典型的情绪变化，分别是：由逃避到面对，由焦虑到平静，由自卑到自信（图6-14）。

根据三组情绪变化引发的身体状态的变化和反应，设计师总结出三组相对应的典型动作：如图6-15所示，用睁开眼睛和用手挡住眼睛分别表示面对和逃避；双手掌心向外表现担心和拒绝，深呼吸表示情绪趋于平

图6-14 三组典型的情绪变化
（图片来源：陈思月 绘制）

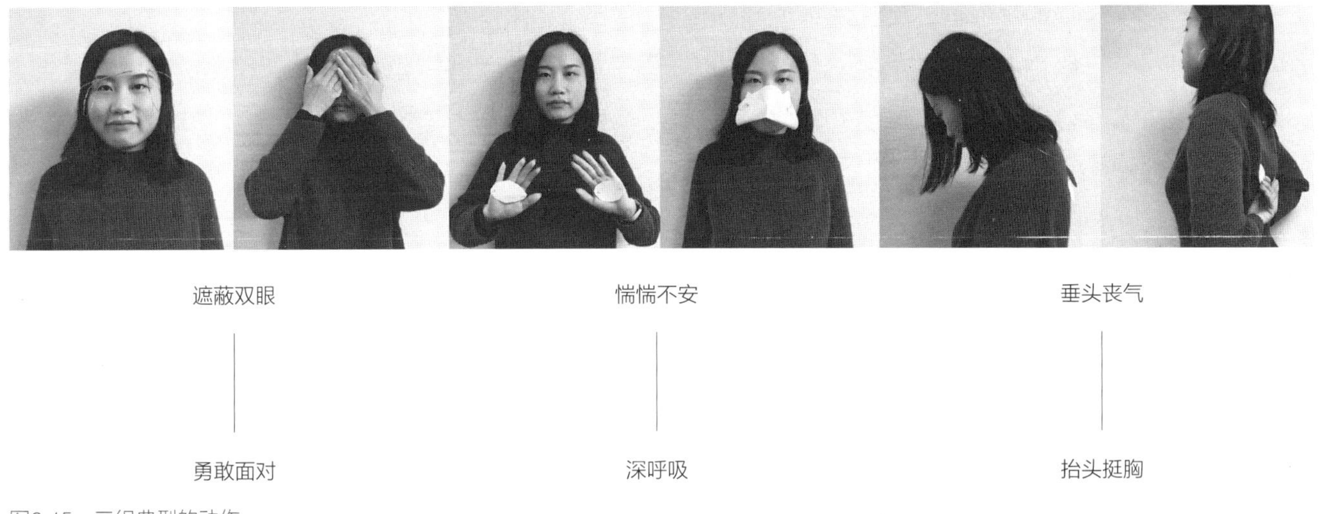

图6-15 三组典型的动作
（图片来源：陈思月 绘制）

静；低头和抬头则对应消极和积极。

最终，设计师确定了三个关键的交互“触发点”（即情绪改变的关键点）：“将挡住眼睛的手放下来”让人从逃避到面对；“深呼吸”让人从焦虑到平静；“抬头挺胸”让人由自卑变得自信，从而引导使用者，体验自身的情绪变化。

6.2.4 模型验证

在模型验证阶段，设计师以快速原型方式，借助Arduino控制板和传感器，进一步试验，并完善了由“触发点”引发的完整的交互体验过程（图6-16、图6-17）。

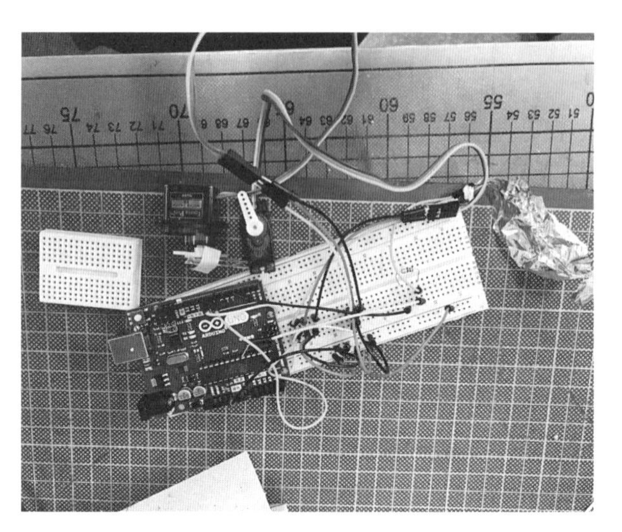

图6-16　模型制作
（图片来源：陈思月　拍摄）

图6-17　模型验证
（图片来源：陈思月　拍摄）

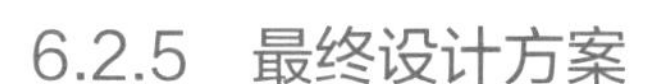

6.2.5　最终设计方案

该项目最终的设计方案为三件交互装置。

第一件关于“逃避—面对”。当人用手挡在面前时，会听见各种对于女性负面评价的声音，当人将手放下时，声音慢慢消失。交互功能的实现运用了感应电阻、电子墨水和Touch Board（图6-18、图6-19）。

第二件关于“平静—焦虑”。形似口罩的装置前面显示“pessimist（悲观者）”，当佩戴者深呼吸后，“pessimist”会转变成“optimist（乐观者）”。设计师利用湿度传感器感应佩戴者的呼吸状态，传感器信息引发加热板加热，感温墨水感应温度变化后转换显示内容（图6-20～图6-22）。

第三件关于“自卑—自信”。装置佩戴在肩上，通过背后的压力传感器，装置会引导人的身体呈现自然直立状态，同时肩上的“黑影”也会慢慢消退，暗示压在人肩上的“压力”消失了。装置通过压力传感器、舵机和Ardiuno控制板，实现交互功能（图6-23、图6-24）。

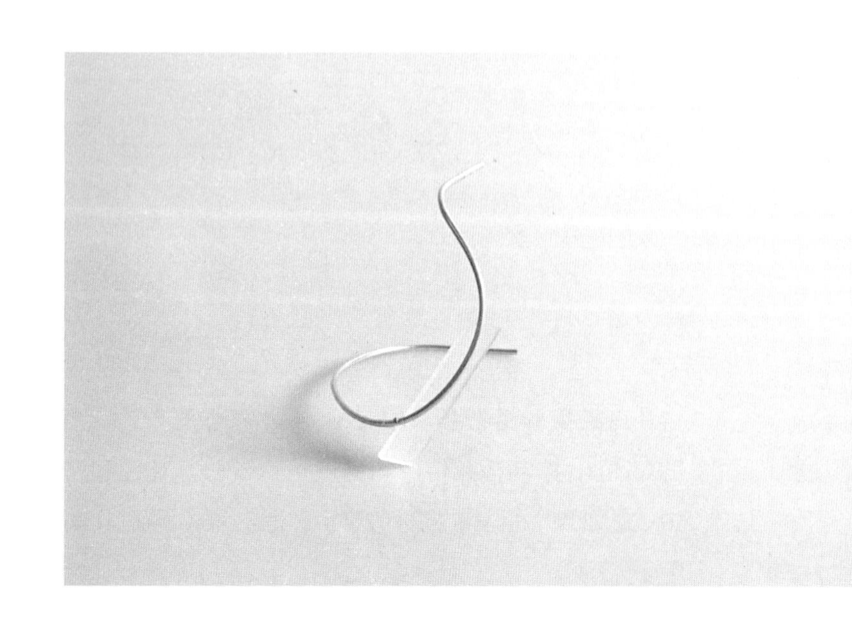

图6-18　“逃避—面对”模型照片
（图片来源：陈思月　拍摄）

图6-19 “逃避—面对”使用照片
（图片来源：陈思月 拍摄）

图6-20 “平静—焦虑”模型照片正面
（图片来源：陈思月 拍摄）

图6-21 “平静—焦虑”模型照片反面
（图片来源：陈思月 拍摄）

图6-22 “平静—焦虑”使用照片
（图片来源：陈思月 拍摄）

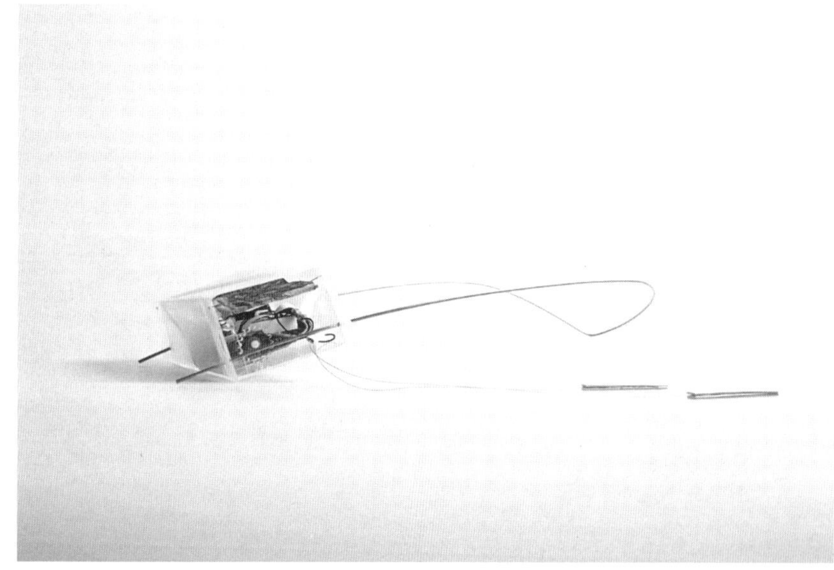

图6-23 “自卑—自信”模型照片
（图片来源：陈思月 拍摄）

图6-24 “自卑—自信”使用照片
（图片来源：陈思月 拍摄）

6.3 公共空间的音乐长椅

“STACCATO”是公共场所的互动式游戏长凳，在人们等待和休息时，通过声音与人进行交流和互动。“STACCATO”是德国萨尔艺术学院的赵禹舜2019年的毕业设计作品，指导教授马克·布劳恩（Mark Braun）和尼古拉·斯塔特曼（Nicola Stattman）。她希望设计一件公共空间中使用的产品，将产品作为媒介，让大家通过产品一起能“玩”起来。人们可以从中获得游戏和交流的乐趣，以及新鲜的物与人的沟通感受（图6-25、图6-26）。

6.3.1 设计概念

项目最初，设计师希望能为公共空间设计一些可以让人们一起玩和交流的产品。这个产品希望借助“声音”这一媒介，实现让人们交流的目的。那么“谁”会在“哪里”？在“什么时间”去通过声音和音乐进行沟通和交流呢？带着以上的问题，赵禹舜开始了前期的研究工作（图6-27）。

通过观察，她发现公共区域里的长椅在这个项目里是非常合适的载体。接下来的问题就是，如何在这个载体上做和声音相关的游戏？在继续的调研工作里，她借鉴了深泽直人的“AFFORDANCE”理论，她在观察人们使用长椅的自然行为中，提取出人们经常性的动作作为交互反馈的接触点，比如“坐”和“扶”（图6-28）。

设计的初步概念，是通过“坐”和“抓握”的动作产生声音和互动。具体设定如下，当一个人坐下时，一段音乐出现。当另外的人加入，坐在长椅另一端时，或是当人们一起坐下，则播放不同的音乐。而“抓握”是一个更主动的动作，可以让人们把扶手作为“乐器”使用（图6-29、图6-30）。

6.3.2 模型验证

根据前期研究，设计师开始制作草模进行验证。技术解决部分通过2个微控制器来实现Sparkfun WAV触发器和Sparkfun乐器。WAV触发器是一个开发平台，可以让人们轻松地编辑音乐和声音效果。借助Sparkfun乐器，可以将人们的触摸动作转换为音乐，比如牵手或亲吻，它根据流过人体的电流大小来发出不同的声音（图6-31、图6-32）。

图6-25 “STACCATO”产品照片
（图片来源：赵禹舜 拍摄）

图6-26 “STACCATO”使用照片
（图片来源：赵禹舜 拍摄）

图6-27　前期调研照片
（图片来源：赵禹舜　拍摄）

图6-28　以长椅作为载体的前期调研
（图片来源：赵禹舜　拍摄）

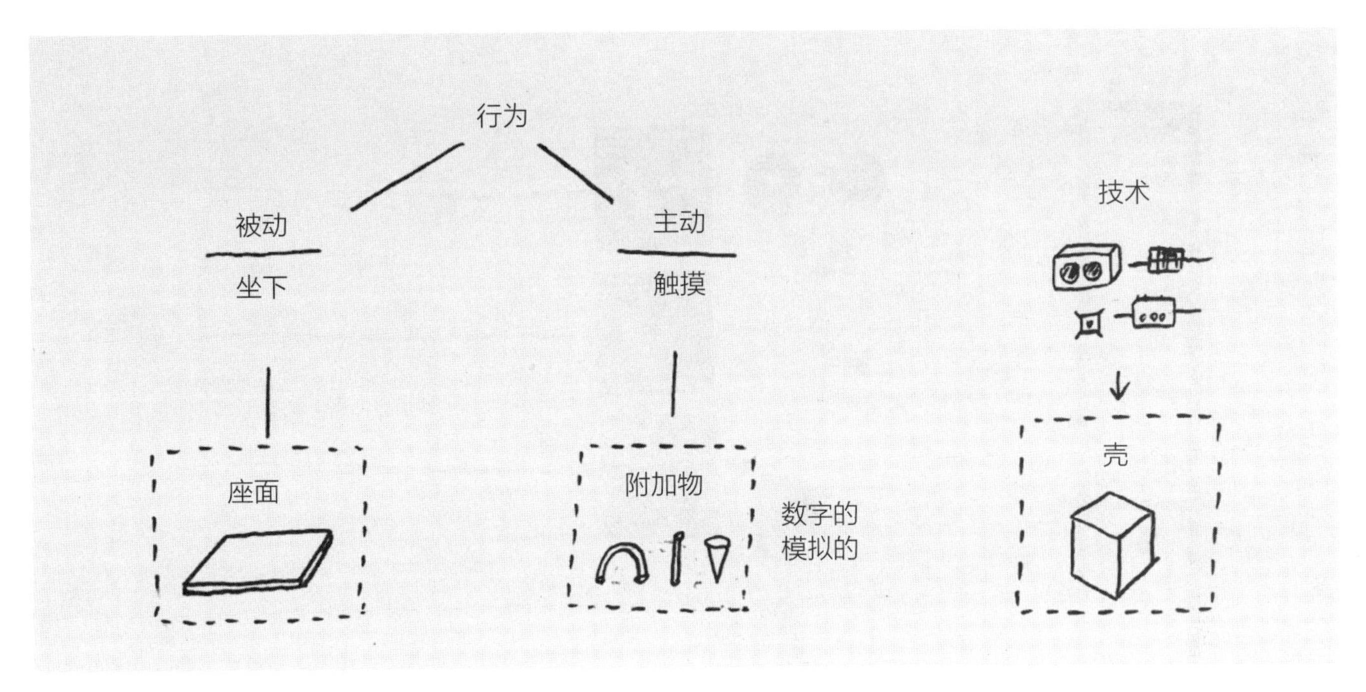

图6-29　概念草图
（图片来源：赵禹舜　绘制）

图6-30　概念动画展示
（图片来源：赵禹舜　绘制）

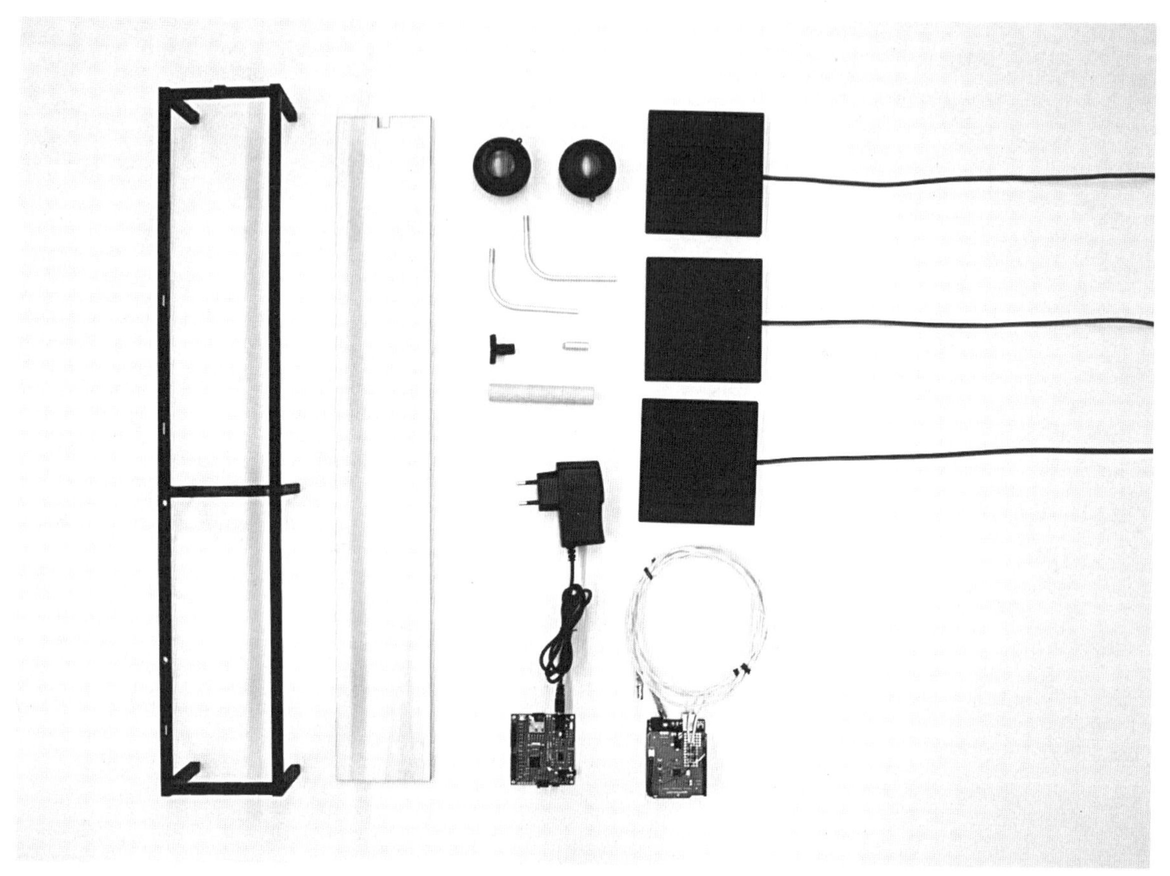

图6-31　电子元件图
（图片来源：赵禹舜　拍摄）

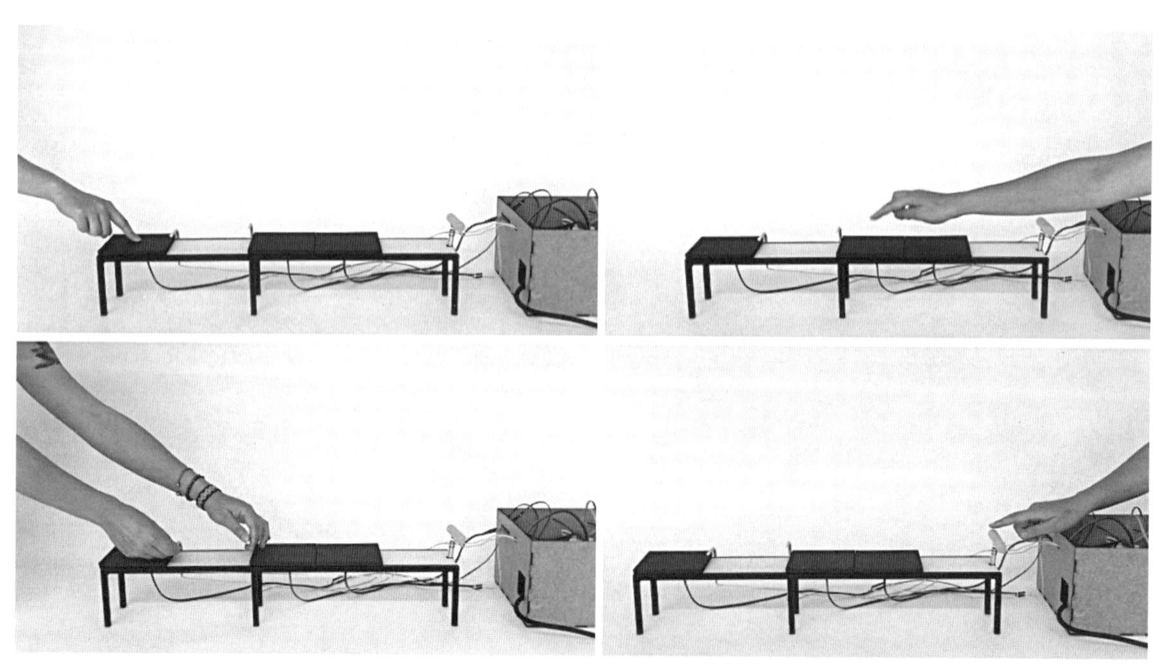

图6-32　等比草模验证过程
（图片来源：赵禹舜　拍摄）

6.3.3 制作过程（图6-33～图6-38）

图6-33 制作1：1模型部件
（图片来源：赵禹舜 拍摄）

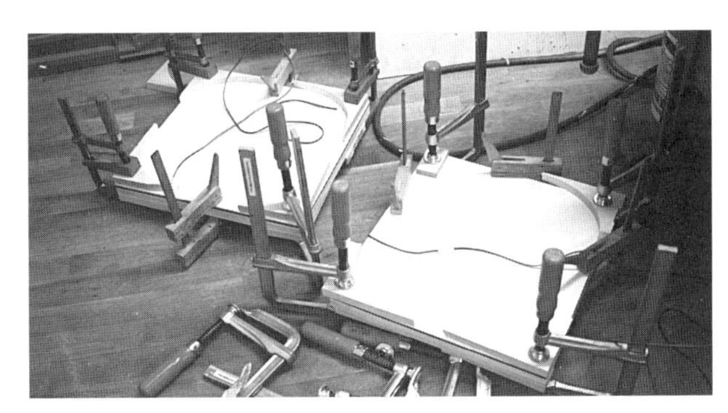

图6-34 制作椅子面
（图片来源：赵禹舜 拍摄）

图6-35 连接并实验电子元件
（图片来源：赵禹舜 拍摄）

图6-36 焊接加工椅子框架
（图片来源：赵禹舜 拍摄）

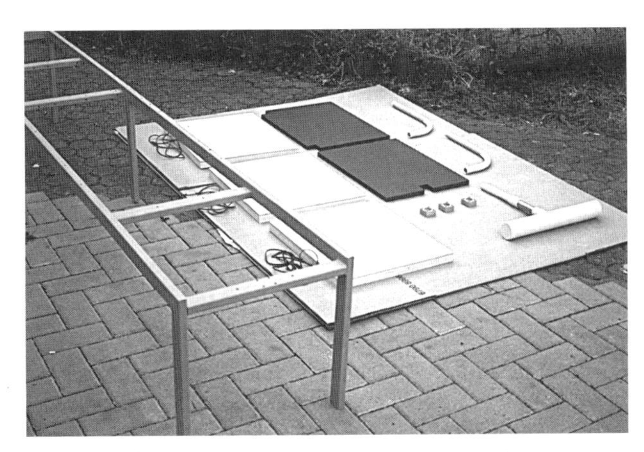

图6-37 全部部件安装前
（图片来源：赵禹舜 拍摄）

图6-38 产品展览图
（图片来源：赵禹舜 拍摄）
详细产品介绍视频见http://yushunzhao.com/project/vierte-project/

6.4 植物在想什么？

自然界中，有许多动物和植物的进化史比人类历史长很多，它们在长期进化中积累了许多“智慧”。随着传感器和相关其他技术的普及，我们是否能够尝试理解自然的智慧，并通过传感器来模仿它？

植物拥有很强的适应环境的能力，当环境因素发生变化时，它能选择合适的模式来适应环境的变化，尽可能多地从环境中摄取养分，维系生命。比如冬天树木会休眠，夏天会放大叶片的气孔散热。这种能力使它们即使在恶劣的环境中也能生存，这是在上亿年的进化中得来的技能。

6.4.1 项目背景

这个项目是基于“植物仿生”的研究性项目。我们是否能从自然中得到灵感，通过植物应对环境的能力与方法，寻找新的物与人的交互方式呢？在这个项目中，姚佳雯通过观察研究植物，尝试利用环境中“看不见”的因素：光、声音、压力，尝试设计一种新的交互方式。

6.4.2 项目调研

选取同一植物茎上不同状态的两个部分，即湿润部分和干涸部分，并制作切片在显微镜下进行观察。发现即使在同一个茎上，不同状态的部分也会拥有不同的结构。湿润部分的细胞大小均匀，在根部水源充足的情况下，可以正常输送水分，而干涸部分的细胞大小不均，在根部水源不足的情况下，通过缩小部分细胞的方式来增加输水的速度和能力（图6-39、图6-40）。

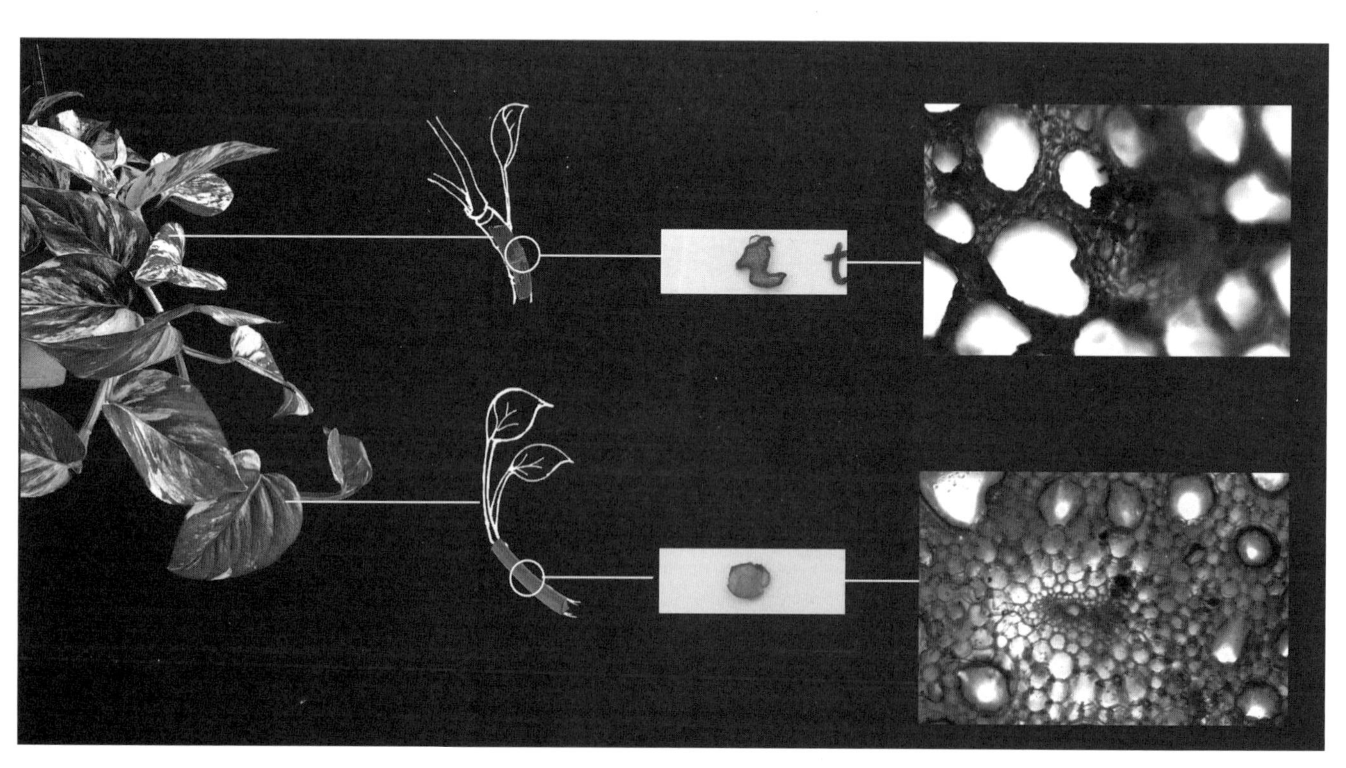

图6-39 植物切片研究
（图片来源：姚佳雯 拍摄）

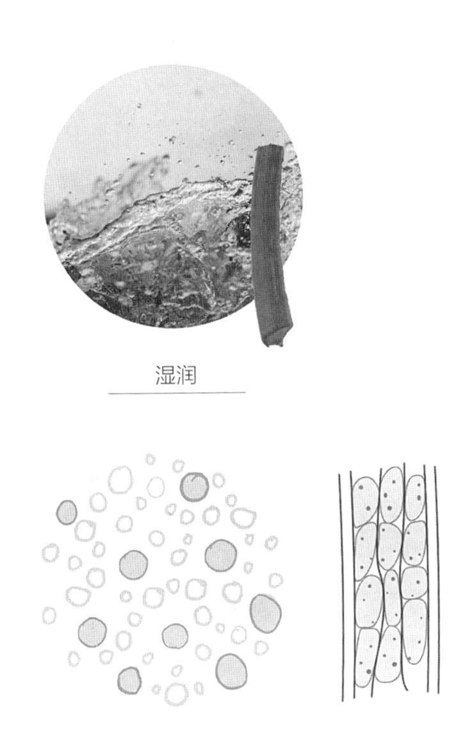

干燥

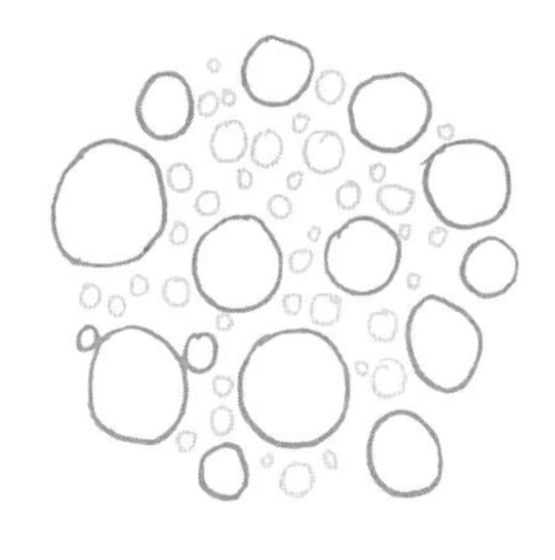

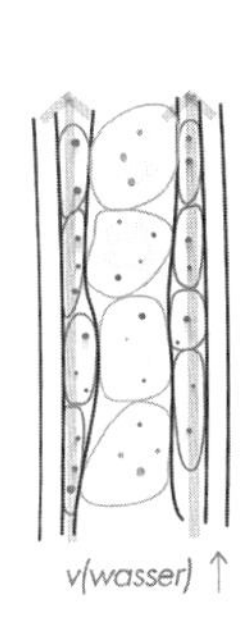

图6-40　植物吸水模式分析
（图片来源：姚佳雯　绘制）

6.4.3　概念设计

植物会根据环境的变化而变化，使自己更加适应环境。在实际情况中，不光是水，环境中的光、声音、压力，同样也会影响植物的生长和变化。设计师利用不同的传感器，来收集环境中的三种因素，并利用三种呈现方式来反应这三种因素，模拟植物对环境做出的反应（图6-41）。

6.4.4　原理研究

针对三种不同的交互和呈现方式，分别进行了原理研究，以达到理想效果（图6-42～图6-44）。

6.4.5　最终模型

第一部分：压力与气囊。设计师通过压力来控制气囊的变化，当人们触摸气囊时，气囊会感受到压力从而充气并膨胀，当压力消失气囊恢复未充气状态（图6-45、图6-46）。

第二部分：光与声音。当光照射气囊表面时，会发出声音。设计师把光的强弱和声音频率对应起来，当光强变化时，音高会随之变化。通过Processing程序与Arduino控制板和光线传感器根据乐理编程实现（图6-47）。

第三部分：声音与图像。人们在说话时发出的声音，可以影响图像与图形的变化，声音越大，圆形的半径越大，紫色圆形的运动速度越快。通过processing程序和Arduino控制板以及声音传感器编程实现（图6-48）。

最终把这三组交互方式整合置于一个沉浸式空间中，观众可以走进这个空间，感受环境是如何与我们互动和交流的（图6-49）。

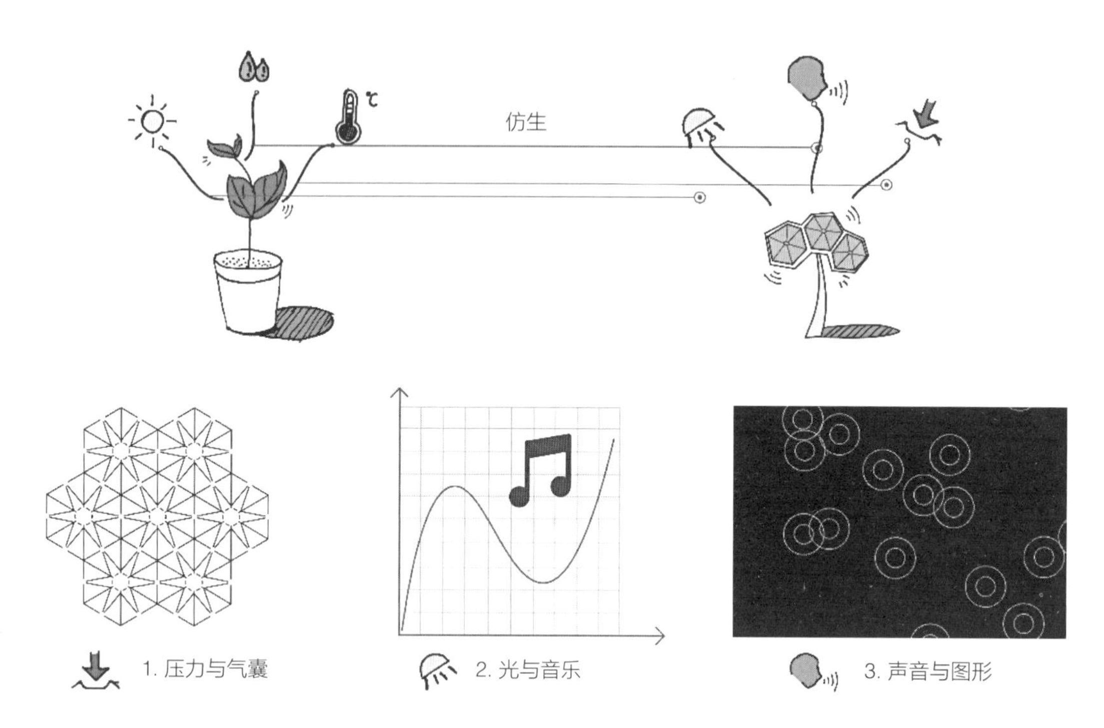

图6-41　三种因素与三种载体
（图片来源：姚佳雯　绘制）

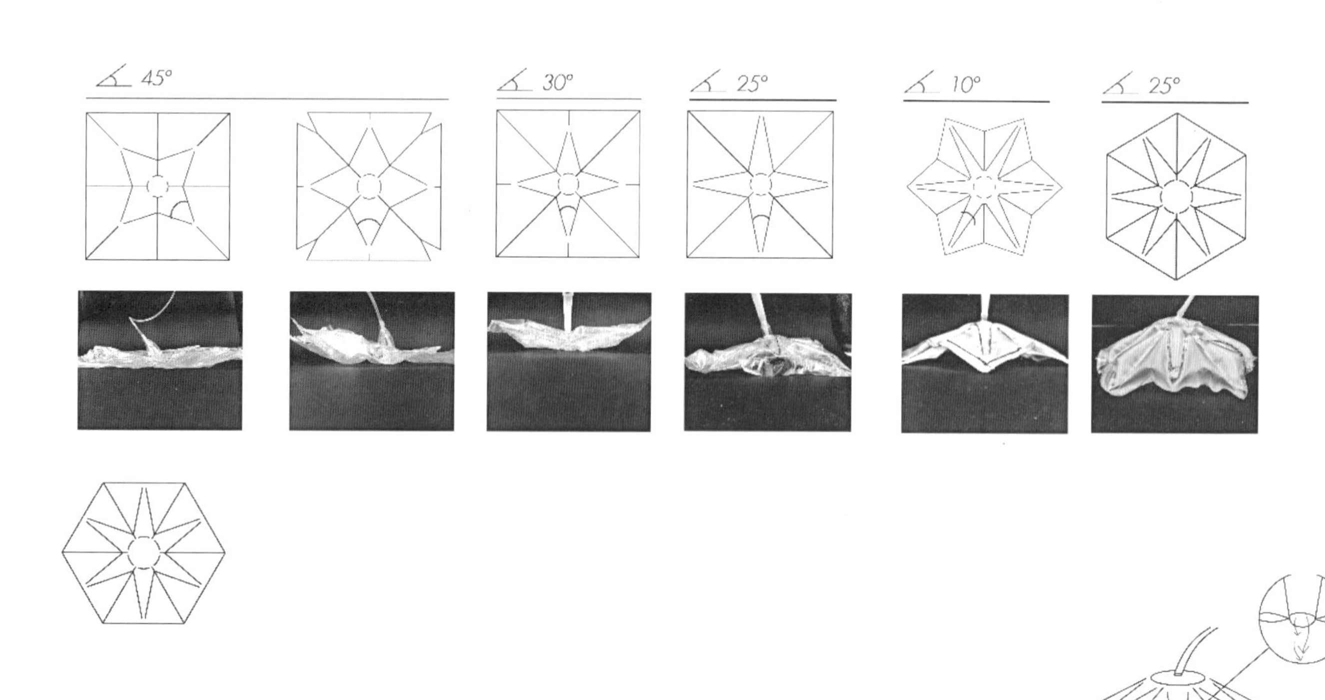

图6-42　压力与气囊结构研究
（图片来源：姚佳雯　绘制）

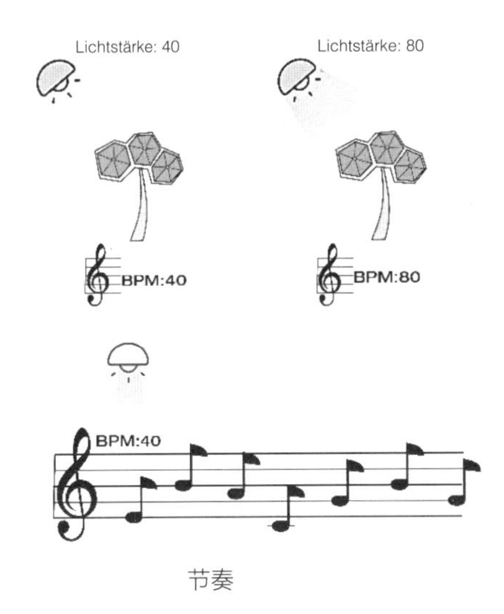

图6-43　光与声音研究
（图片来源：姚佳雯　绘制）

声音是如何被转译为运动的图形

传感器识别声音的强弱，根据不同的强度出现不同的图形。

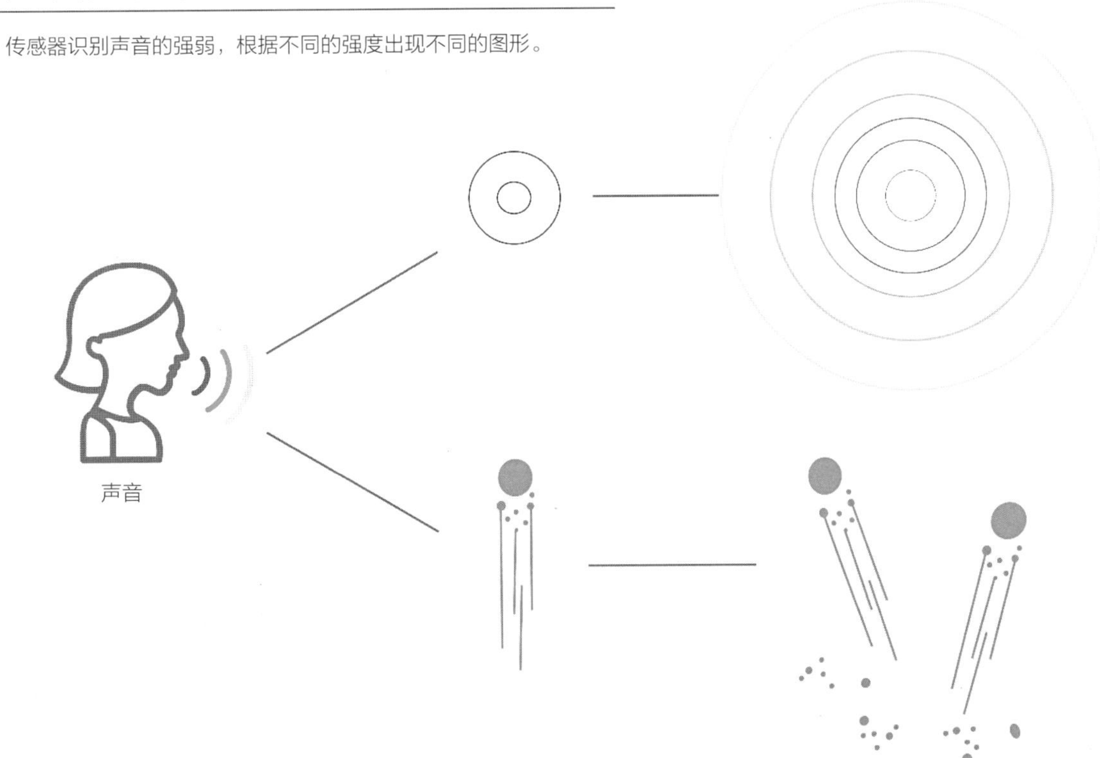

图6-44　声音与图形研究
（图片来源：姚佳雯　绘制）

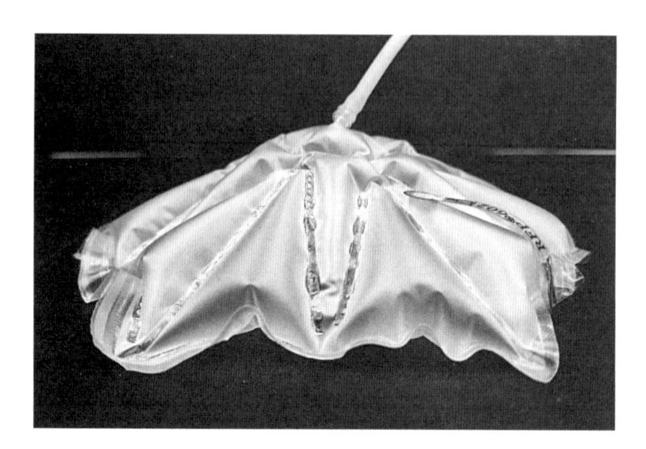

图6-45 压力与气囊
（图片来源：姚佳雯）

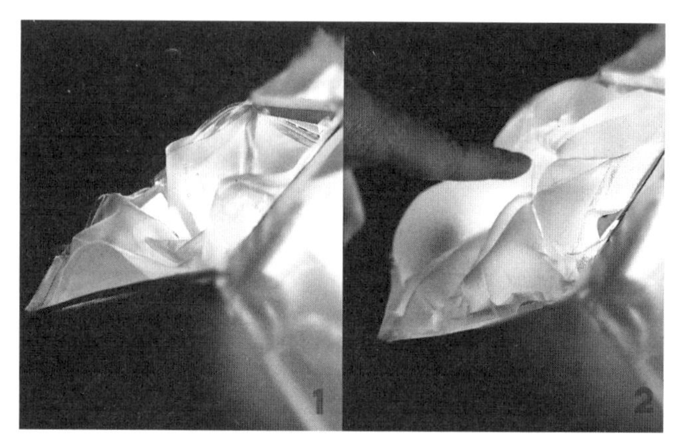

图6-46 人与气囊交互
（图片来源：姚佳雯 拍摄）

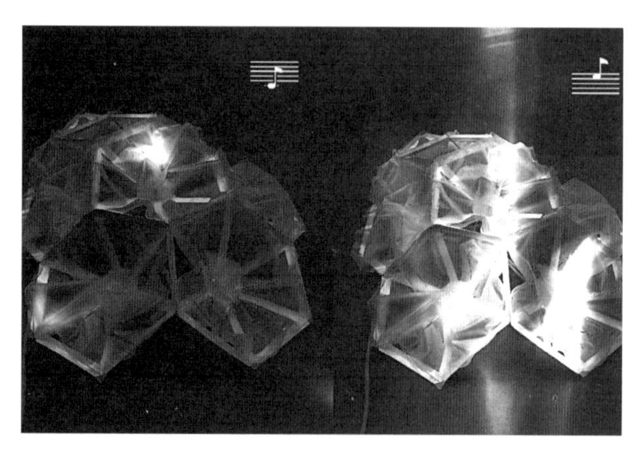

图6-47 光与声音交互
（图片来源：姚佳雯 拍摄）

图6-49 空间效果图
（图片来源：姚佳雯 拍摄）
详细项目介绍视频见https://youtu.be/HMGczycOLig

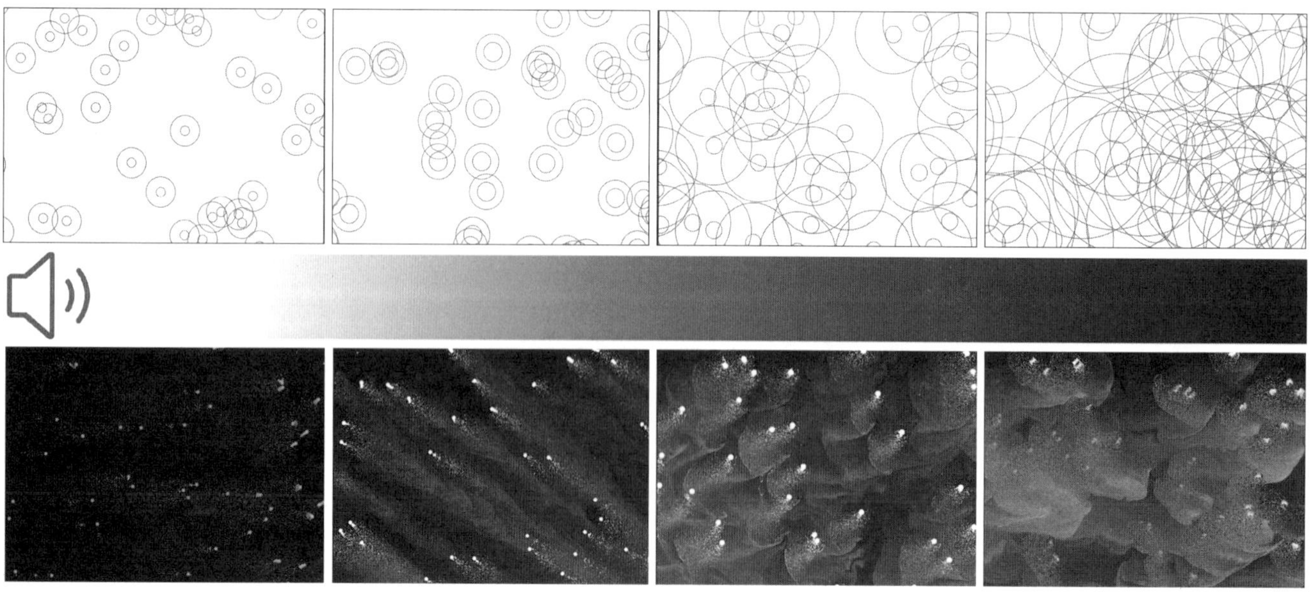

图6-48 声音与图像交互
（图片来源：姚佳雯 绘制）

参考文献

[1] （美）维克多・马格林，理查德・布坎南. 设计的观念[M]. 张黎，译. 南京：江苏凤凰美术出版社，2018.

[2] （美）唐纳德・A・诺曼. 设计心理学1:日常的设计[M]. 小柯，译. 北京：中信出版社，2015.

[3] （美）Henry Dreyfuss. Designing for Peoples[M]. New York: Allworth Press, 2003.

[4] （美）Bill Moggridge. 关键设计报告[M]. 许玉铃译. 北京：中信出版社，2011.

[5] （美）比尔・巴克斯顿. 用户体验草图设计[M]. 黄峰，等，译. 北京：电子工业出版社，2009.

[6] 王欣. 硅谷设计之道[M]. 北京：机械工业出版社，2019.

[7] （美）罗伯特・H・尼尔森. 活在看得见和看不见的世界里[M]. 马剑波，编译. 北京：科学出版社，2019.

[8] （美）詹姆斯・卡特拉等. 生物心理学[M]. 苏彦捷，等，译. 北京：人民邮电出版社，2011.

[9] （美）菲利普・津巴多，罗伯特・约翰逊，奥夫维安・汉密尔顿. 津巴多普通心理学[M]. 钱静，黄珏苹，译. 北京：中国人民大学出版社，2016.

[10] （以）尤瓦尔・赫拉利. 今日简史：人类命运大议题[M]. 林俊宏，译. 北京：中信出版社，2018.

[11] （美）凯文・凯利. 科技想要什么[M]. 严丽娟，译. 北京：电子工业出版社，2011.

[12] （美）乔纳森・沙里亚特，（加）辛西娅・萨瓦德・索西耶. 设计的陷阱[M]. 过燕雯，译. 北京：人民邮电出版社，2020.

[13] （美）前田约翰. 简单法则[M]. 张凌燕，译. 北京：机械工业出版社，2014.

[14] （英）安东尼・邓恩，菲奥娜・雷比. 思辨一切[M]. 张黎，译. 南京：江苏凤凰美术出版集团，2017.

[15] （美）唐纳德・A・诺曼. 未来产品的设计[M]. 刘松涛，译. 北京：电子工业出版社，2009.

[16] （美）Amber Case. 交互的未来[M]. 蒋文干，刘文仪，余声稳，王李，译. 北京：人民邮电出版社，2017.

[17] （美）Dan Saffer. 交互设计指南[M]. 陈军亮，陈媛嫄，李敏，译. 北京：机械工业出版社，2010.

[18] （美）Michal Levin. 多设备体验设计[M]. 刘柏松，译. 北京：人民邮电出版社，2016.

[19] 何天平，白珩. 面向用户的设计[M]. 北京：人民邮电出版社，2017.

[20] （美）杜威. 艺术即体验[M]. 程颖，译. 北京：金城出版社，2011.

[21] （美）James Kalbach. 用户体验可视化指南[M]. UXRen翻译组，译. 北京：人民邮电出版社，2018.

[22] （美）凯伦・霍尔兹布拉特，休・拜尔. 情境交互设计：为生活而设计[M]. 朱上上，贾璇，陈正捷，译. 北京：清华大学出版社，2019.

[23] 蒋晓. 产品交互设计基础[M]. 北京：清华大学出版社，2016.

[24] 蒋晓. 产品交互设计实践[M]. 北京：清华大学出版社，2017.

[25] 刘伟. 走进交互设计[M]. 北京：中国建筑工业出版社，2013.

[26] 刘伟. 交互品质——脱离鼠标键盘的情境设计[M]. 北京：电子工业出版社，2015.

[27] 顾振宇. 交互设计原理与方法[M]. 北京：清华大学出版社，2016.

[28] 李乐山. 设计调查[M]. 北京：中国建筑工业出版社，2007.

后　记

本书旨在为刚接触交互体验设计，以及产品设计领域的同学们，从基本概念、方式方法，以及相关联学科进行基本阐述和归纳，而其目的则是为了打开大家的设计思路，从而更好地在相关领域进行设计创新和创造。教授课程的经验转化成一本教材的过程，并没有想象的简单。尤其是面对一个日新月异，迅速发展的领域。在本书编著的过程中，写作瓶颈和资料的翻译查对，都比预想花费了更多的时间。在此过程中，尤其需要特别感谢参与本书编写，以及无私提供案例和支持的人们。

首先是从项目开始就参与编写的杨妙晗、黄俊乔和邵蕾。感谢她们在德国繁忙的工作和学习之余的时间里，积极参与案例部分的讨论和编写。还要感谢在本书第二部分，提供案例的同学：赵禹舜、孙永林、陈思月和姚佳雯。为符合教材的统一性，他/她们对自己的案例部分进行了整理和修改。感谢张寅生同学为第二章绘制了部分插图。

特别感谢天津理工大学艺术学院的钟蕾院长和罗京艳老师，天津美术学院产品设计学院兰玉琪教授，在编著过程中给予的支持和帮助。最后感谢中国建筑工业出版社的编辑们，为本书出版反复进行的耐心沟通和解答。

衷心希望这本教材，能给对设计有热情的同学们一些启发和帮助。